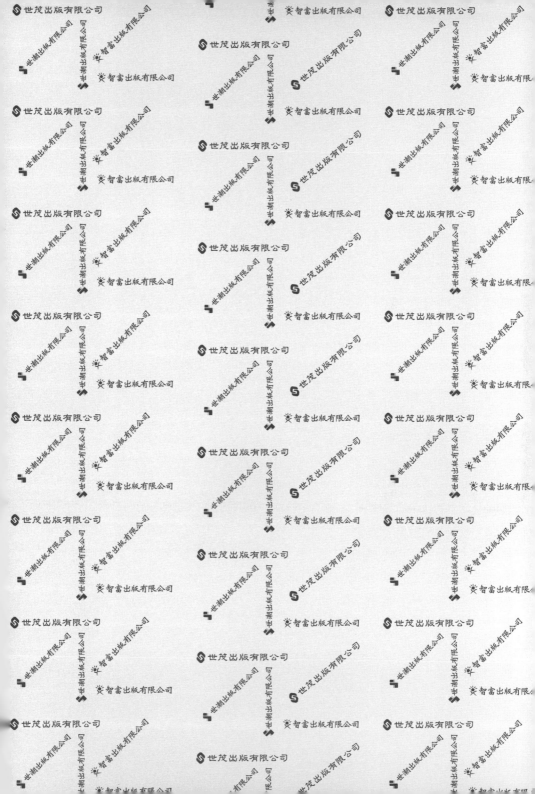

3小時讀通
單位知識

知っておきたい単位の知識

伊藤幸夫、寒川陽美◎著

前師範大學數學系教授兼主任 **洪萬生◎審訂**

陳朕疆◎譯

前 言

　　本書秉持著一貫的初衷：「由文組作者寫給文組讀者看的單位相關知識書籍」。作者們思考著許多像是「單位是什麼？」「這個單位究竟從何而來？」之類的問題，並調查相關事項，再將理解後的內容寫成這本書。書中提到了不少作者的個人見解，故這本書與其說是「科普書」，其實更接近「雜學書」。

　　這本書將學術上的論述內容降到最低，將重點放在各種單位與日常生活之間的關係。因此作者有自信可以讓那些認為自己「很不擅長理科科目」的讀者們，在閱讀這本書時不會有任何障礙。若各位能透過本書對物理、化學、歷史產生興趣，那就更棒了。

　　雖然有點突然，但一開始想問問各位讀者，聽到「單位」，會讓你聯想到什麼呢？是確認距離所用的 km 嗎？是在體重計上看到的 kg 嗎？還是在食譜網站上看到的 mL 呢？會不會讓你想到學生時代看到的成績單呢？

　　單位的種類很多，本書從中選出了約 200 種單位來介紹。這些單位誕生於各種不同時代、各種不同地區，有時還會統一組合成新的單位。單位可以說是人類史上的偉大發明之一。

　　雖說如此，但許多單位其實是用人的身體、日常用品、太陽等非常貼近日常生活的事物做為標準訂定出來的。有時候，單位

還會反映出地區或國家的特色，讓人覺得別有一番趣味。例如，「匁」（monme）這個源自日本的單位，便是以日文的形式在全世界通行。

我們在這本書中把一部分關於單位的故事寫成「有趣的故事」。例如，在公斤原器鑄造完成的 130 年後，人們重新鑄造了一個新的原器，這可以說是單位世界的大新聞。

學到了關於單位的知識，並不會馬上提升工作表現或考試成績，也不會馬上獲得經濟上的效益。不過，這些知識不只能滿足求知欲，未來或許還能在某些地方派上用場。如果本書能讓各位發現更多生活周遭的樂趣，或者能為各位與他人開啟話題，那就更棒了。

●謝辭

感謝閱讀並支持本作的各位讀者們，在此表達我最深的謝意。

負責修訂日文版編輯工作的田上理香子女士，為本書付出了許多心力。以同樣的書籍版面大小，本書相較其他書籍，資訊量特別多，想必編輯工作一定特別辛苦，十分感謝她的幫忙。

謝謝負責本書插圖工作的高村 Kai 老師。將作者的想像具體化成插圖，想必是件大工程。每次交出原稿，心中都一直期待著「這次會看到什麼樣的插圖呢？」每次我們都看見了超越期待的精美插圖。我們兩位作者都很喜歡高村老師的插圖。

伊藤幸夫

CONTENTS

目錄

第6章　現代最重視的「時間」和「速度」單位 ⋯⋯⋯93

第7章　與「能量」有關的單位 ⋯⋯⋯105

第 1 章

單位是什麼？

本書中提到各式各樣的單位。單位和我們的日常生活密不可分，但我們似乎很少會去思考「『單位』究竟是什麼？」之類的問題。以下就讓我們先試著想想看，單位代表什麼樣的概念。

使用單位是一種「幸福」
～因為有單位，才有共同的標準～

從我們懂事開始，便會在無意間用**單位**來描述周圍的事物。若是沒有單位，便很難對其他人說明某物質的大小、長度、距離、重量、濃度等訊息，即使接收到這些訊息，也很難正確理解這些訊息。

國外食譜或食譜網站、APP 等，皆會寫明一道餐點需使用多少食材、多少調味料。若想燒得一手好菜，這些都是不可或缺的訊息。

確實，某些食譜也會寫出「以少許胡椒鹽調味即可」這種沒有明示單位的烹調說明。但若都沒有寫清楚單位，缺乏做菜經驗的人很可能會做出味道詭異的菜餚。

上面是一個簡單的例子。不過仔細想想，為了確保社會的公平與安全，使我們的生活能過得更穩定，單位可說是一個不可或缺的概念。「1 kg」在單位的起源地——法國 * 以及美國、日本等國家，代表著相同的重量。要是每個國家使用的單位不同，在商業交易上還要進行換算，就會相當不方便。有些單位甚至直接代表金錢的價值，由於這些金錢的單位與經濟具有密切關係，故至今仍未統一，只能以當時的匯率為標準，進行換算。

除此之外，一些單位在不同國家中有不同的標準，或者在不同領域中有不同的標準，本書將一一解說為什麼會有那樣的情形。

首先，我們只要確定一件事就好，那就是「為了能夠正確測量、比較事物，對於不同的事物，我們會使用不同的單位」。

* 關於法國與重量標準的關係，請參考第 62 頁說明。

➡ 如果食譜裡面沒有單位

「可數的量」與「不可數的量」
～「離散量（分散量）」與「連續量」～

如前節所述，單位可以做為說明物質數量、長度等性質的指標，故在計算物質數量、量測長度時會用到各種單位。換言之，單位是一種可以用來表示「量」的便利工具。

然而，這些「量」還可以分成可數的量與不可數的量。在介紹各種單位之前，先讓我們大致說明這兩種單位的差異吧。

以我們周遭的事物來說，例如人數、原子筆數量、房屋數量，這些都屬於可數的量，分別以「個」「枝」「戶」為單位。這些可數並且可以比較多少的量，稱為**離散量**或**分散量**。

另一方面，「不可數的量」則包括氣體的量、雨量、湖或沼澤的水量等。氣體需先填充至特定容器（如潛水所使用的氣瓶），才能比較不同氣體所含物質的質量與密度等性質。測量雨量時，需先將依特定條件製成的容器設置在多個區域，下雨後再測量各容器收集水量，才能比較不同地點的雨量。不過，這只是方便我們比較不同的量而已，並沒有辦法告訴我們這些量的正確數字。

除了氣體、液體，像砂糖、鹽、麵粉之類的物質為粉末狀，理論上可數，但想要實際去數這些粉末有多少顆粒，卻有些異想天開。因此這些粉末和氣體、液體同屬於**連續量**。想要比較不同物質的連續量，可以像前述的潛水氣瓶，以某個特定量為標準，假設其為「1」個單位，並為這個單位命名，然後就能以此單位去表示其他物質的連續量。

➡ 可數的「離散量（分散量）」

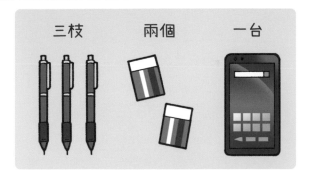

三枝、兩個、一台……這些是「離散量」

➡ 不可數的「連續量」

降雨量、河川水量、空氣等，為不可數的量……即「連續量」

如何定義不可數的量的單位？
～「外延量」與「內含量」～

前節提到，「量」可分為可數的量和不可數的量。其中，「不可數的量（連續量）」還可再分成**外延量**與**內含量**。光從名字或許不容易看出是什麼意思，不過其實並不那麼複雜。

簡單來說，外延量就是指「可以相加」的量。例如長度（距離）、重量、時間、面積、體積等。任意多個物質的外延量皆可直接相加，相加後便可得到整體的大小、面積、長度。如其名所示，這個量是指「於物質外側，延長物質之某種性質」，故可直接相加。

另一方面，內含量則是指「不可相加」的量，包括溫度、密度、速度、濃度等。舉例來說，「這兩天的氣溫分別是 27℃ 和 28℃，相加後的氣溫是 55℃」，當然，數字的確可以相加，只是這種數字相加的結果並沒有意義。簡單來說，內含量就像是物質的某種強度，加法並不適用於描述多個物質強度的總和。許多內含量是由兩個外延量相乘或相除所得的結果。例如距離除以時間可以得到速度，重量除以體積可以得到密度。因為這些量是指「物質本身或運動狀態下的某種性質」，故稱為內含量。

你是否記得過去曾在什麼地方做過類似的計算呢？沒錯，小學數學課應該學過這些東西。事實上，前節提到的離散量與連續量，以及本節提到的外延量與內含量，皆是由遠山啟、銀林浩等學者所提出，也是廣泛應用於日本小學教育的概念。不過，這只是其中一種分類方法，遠山、銀林兩位學者還提出了能夠更明確分類每個單位的方法。這裡只要先知道「單位可以這樣分類」即可。

➡ 可直接相加的「外延量」

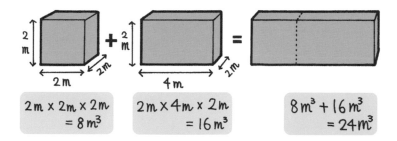

$$2m \times 2m \times 2m = 8\,m^3 \qquad 2m \times 4m \times 2m = 16\,m^3 \qquad 8\,m^3 + 16\,m^3 = 24\,m^3$$

體積的單位（m^3 立方公尺）為可直接相加的「外延量」

➡ 由乘法、除法得到的「內含量」

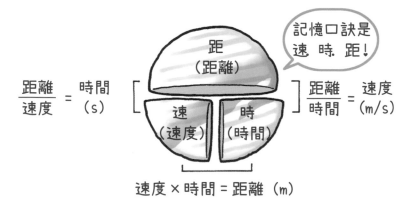

$$\frac{距離}{速度} = 時間（s）\qquad \frac{距離}{時間} = 速度（m/s）$$

速度 × 時間 = 距離（m）

記憶口訣是 速 時. 距！

速度的單位是距離單位除以時間單位所得到的「內含量」

任何單位都能夠直接比較嗎？
～「個別單位」與「普遍單位」～

　　單位基本上是「以某個事物為標準，測量其他物質的大小」。故我們可以用客觀的標準來測量多個物質的不同性質。

　　例如一個人想在東京租房子，「與最近車站的距離」是一個租金的參考指標。不過，雖然房屋仲介公司標明「距離○○車站徒步○分鐘」等，但實際走一趟，經常會發現需要的時間比房仲公司說的還要長。當然，做為測量標準的行走速度因人而異，但這個差異卻不一定是因為「房仲業務人員走路速度比較快」。事實上，在房仲業界中，是以「徒步1分 = 80 m（時速 4.8 km）」為標準來表示距離，藉以比較房屋物件與車站間的距離。

　　然而，從車站到房屋物件之間，可能有樓梯、坡道，還要再加上等紅綠燈的時間，所以實際上需要的時間經常與廣告上標示的時間不同。由於這種單位（徒步○分鐘）沒有一定標準，無法直接比較，故稱為**個別單位**。

　　相較之下，假設有一輛車在高速公路上以時速 80 km 前進，不管這輛車是什麼廠牌、什麼車種，一個小時後都一定可以到達 80 km 外的地點。這裡使用的單位「km/h（公里每小時）」可以直接互相比較，故稱為**普遍單位**。

　　日本人會使用「疊（帖）」[*]這種獨特的單位，來表示不動產的室內面積。不過，疊有分好幾種，每種疊的大小略有不同，故很難說是普遍單位 [**]。

* 關於「疊」這個單位，可參考第 50 頁說明。
** 若能明確說明是哪一種「疊」，便可將它當作普遍單位。

➡ 無法比較的「個別單位」

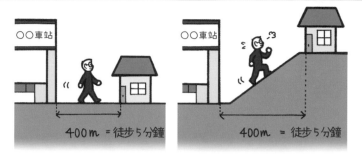

這樣比較不大客觀

➡ 可比較的「普遍單位」

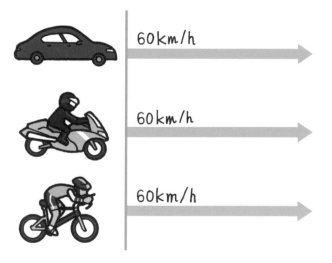

就算種類不同（交通工具）也能互相比較

單位有世界性的標準嗎？
〜單位制與其歷史〜

單位是用來比較多種事物時所使用的工具，但如果每個人對於同一個單位有不同認知，就沒辦法用這種單位來進行比較。

1791 年，法國人決定利用地球的經緯線，將北極點到赤道距離的千分之一定為「公尺」，做為長度的單位。之所以要用經線從北極點到赤道的距離做為標準，是因為人們想定義一個國際單位，這個單位不應受各國氣候、文化等的影響，而是有一個共同標準。

不過，以長度單位「m（公尺）」來說，如果面積單位用「坪」，這兩者之間就沒有一致性，而要透過一定比例的換算才能互相轉換，有點麻煩。於是人們又定義了面積的單位「m^2（平方公尺）」以及體積的單位「m^3（立方公尺）」，使不同種類的單位之間存在一致性。這些具有一致性的單位，稱為單位制。

繼法國之後，德國與英國（當時的蘇格蘭）也開始訂定單位制，於是新的單位制如雨後春筍般紛紛竄出，例如以 cm、g、s（秒）為標準的「CGS 單位制（CGS 電磁單位制 / CGS 靜電單位制 / 一般 CGS 單位制）」以及以 m、kg、s（秒）為標準的「MKS」單位制等。但因為這些單位制彼此並不相通，故常讓人覺得有許多不便之處。

於是，1954 年第 10 屆國際度量衡總會，便以 MKSA 單位制為基礎，建立了國際單位制（SI），並成為目前國際單位的標準。然而直到現在，仍有些國家不使用公制，包括美國[*]、賴比瑞亞、緬甸等三國。只能說這些國家相當有「個性」。

---

[*] 雖然美國有簽署 1875 年公制條約，承諾要逐漸改變成公制，但直到現在仍使用英制單位。

➡ 單位的重要歷史

年度	世界的單位歷史	日本的單位歷史
1791 年	法國制定公制	
1875 年	5 月 20 日，在 17 個國家參與的國際會議中，決議要共同推行公制（訂定公制條約）。	
1885 年		10 月，簽訂公制條約。
1889 年	舉行第一屆國際度量衡大會，認可公尺與公斤的國際原器。	
1890 年		4 月，公尺原器、公斤原器抵達日本。
1891 年		制定度量衡法，規定尺貫法及公制並行。
1921 年		4 月 11 日，公布以公制為基礎的修正度量衡法。
1946 年	國際度量衡委員會將 A（安培）加入 MKS 制中，成為 MKSA 制。	
1948 年	於第 9 屆國際度量衡大會中提出國際單位制（SI※）。	
1951 年		6 月 7 日，廢止尺貫法，以公制取代。規定一般商業交易必須使用公制（並將公布日 6 月 7 日訂為「計量紀念日」）。
1954 年	第 10 屆國際度量衡大會，採納長度、質量、時間、電流、熱力學溫度、光度等單位，做為實用單位制的基本單位。	
1960 年	第 11 屆國際度量衡大會，決議以 1954 年時採納的基本單位建立新的單位制度，並命名為國際單位制（SI）。	
1971 年	第 14 屆國際度量衡大會，追加物質量的基本單位「mol（莫耳）」。	
1974 年		確定「將國際單位制（SI）引入日本產業規格（JIS）」的方針。
1991 年		JIS 完全遵從國際單位制（SI）。
1993 年		11 月 1 日公布新的計量法（施行日 11 月 1 日為目前的計量紀念日）。

※SI 為法文「Système international d'unités」的簡寫，念作 /ɛsi:/，不過通常以英文發音，念作 /ɛsaɪ/。

有些單位是「導出的單位」
～導出單位與基本單位～

　　比較同一種類的兩個不同物質時，需要依照物質的種類，使用適當的單位。例如「一個、兩個」雖然適用範圍很廣，可以用來表示大多數種類物質。不過以筷子來說，如果說「一個筷子」，就不容易判斷是代表兩根筷子還是一根筷子。如果這時改用「雙」做為單位，說成「一雙筷子」，就可以確定是在講一組兩根的筷子。

　　不過，單位並不是越多越好。當單位的數量太多，光是要正確理解每個單位的意義，就要花上許多心力。因此我們會將幾個單位組合成新的單位，新的單位具有新的意義，可應用在不同的地方，這就稱為**導出單位**。

　　國際單位制（SI）有七個**基本單位**，是所有單位的核心，分別是 m（公尺＝長度）、kg（公斤＝重量）、s（秒＝時間）、A（安培＝電流）、K（克耳文＝溫度）、mol（莫耳＝分子或原子的量）、cd（燭光＝光度）。

　　以最常見的 m（公尺）為例。單獨 m 表示長度，直的 m 與橫的 m 組合，可以得到面積的單位，再組合高度的 m 可得到體積的單位。

　　不過，當一堆基本單位組合在一起，表記會變得很複雜。但不用擔心，表記複雜的單位常可改寫成較簡單的單位。舉例來說，如果以 SI 基本單位來表示功（能量）的單位，需寫成「$m^2 \cdot kg \cdot s^{-2}$」，不過這個單位可以簡寫成「$N^* \cdot m$」，或者寫成更簡單的「$J^{**}$」。

---

* 關於「N（牛頓）」這個單位，請參考第 152 頁。
** 關於「J（焦耳）」這個單位，請參考第 110 頁。

➡ 將單位組合成新的單位

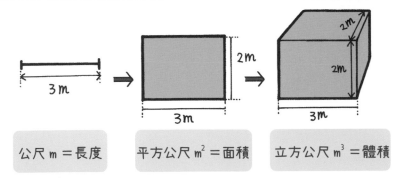

公尺 m ＝長度　　平方公尺 m² ＝面積　　立方公尺 m³ ＝體積

➡ 國際單位制的七個基本單位

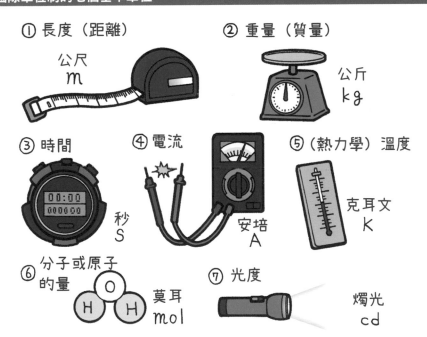

① 長度（距離）
公尺
m

② 重量（質量）
公斤
kg

③ 時間
秒
s

④ 電流
安培
A

⑤ （熱力學）溫度
克耳文
K

⑥ 分子或原子的量
莫耳
mol

⑦ 光度
燭光
cd

書寫單位的規則
～符號的正確寫法～

　　單位的表記法需要一定的規範，使其能通用於大多數人。如本章一開始所說的，我們會自然而然地使用各種單位，寫下這些單位，但不會去注意該怎麼寫。然而，為了確保每個人對同一個單位有相同認知，必須對單位的表記法進行一定規範。

　　就拿我們很常使用的單位「公尺 m」來說，公尺的 m 是小寫拉丁字母，而且字體是羅馬體（印刷體）。同樣是羅馬體，大寫「M」則代表「mega」——也就是百萬的前綴詞（參考第 185 頁）。若寫成義大利體（斜體）小寫的「m」，則是代表物質的質量。

　　另一方面，容量的單位「公升」寫成「l」，但因為「l」容易和數字 1 及拉丁字母大寫 I 搞混，故公升常會以大寫「L」來表示，甚至還有人建議最好一律用大寫「L」來表示，讓人有種「雙重標準」的感覺。

　　公升常會寫成義大利體（斜體）的「ℓ」或「l」，不過現在越來越少人這麼寫了，反而是前面提到「L」大寫的寫法越來越常見。

　　另外，使用源自人名的單位時，如果是縮寫，必定會寫成拉丁字母大寫；如果是寫出全名，則會寫成全小寫。例如「牛頓」在做為單位使用（參考第 152 頁）時，可以縮寫成「N」，寫出全名則是小寫「newton」。

　　不過這也有例外。電阻的單位歐姆源自人名，全名為「ohm」，寫成縮寫時應為「O」，但習慣上會寫成 Ω（讀作 omega）。有趣的是，用來表示地震能量的地震規模（不是單位，而是一種尺度）也有一定的規則。我們常會看到有人把地震規模寫成「M」，但其實寫成斜體「M」才正確。

➡ 單位的表記法

要把單位
寫清楚喔。

日本單位的規則《計量法》

在日本，依照經濟產業省主管之《計量法》規定，商業上需使用特定單位進行交易。《計量法》於 1951 年頒布，用以修正過去所使用的《度量衡法》*。《計量法》中明定廢除「尺貫法」與「英制」，進而統一單位的使用。然而，若突然改變過去已習慣使用的單位，可能會造成市場的混亂，造成交易上的安全問題。故某些特殊用途的單位，如「海浬」「毫巴 mb」**等，在嚴格的規定下仍可持續使用。之後，在 1992 年，《計量法》更是傾向國際單位制（SI）進行了大幅度的修改。在這之前所使用的非 SI 制單位，皆需在期限內廢除。目前仍廣泛使用的「卡 cal」原本應該要全面換成「焦耳 J」，不過表示人類或動物攝取營養／代謝，獲得／消耗「熱量」，仍可繼續使用「卡 cal」這個單位。

在日本，違反《計量法》***，可處 50 萬日圓以下的罰金（《計量法》第 173 條）。我們在第三章中會提到，電視畫面尺寸的單位為「英吋 in」，規格在日本稱為「46 型」。「型」並不是國際單位制（SI）的單位，但我們從來沒聽說過「電視製造商被罰錢」之類的事。

詢問日本政府經濟產業省計量行政室，得到的答案是「用以表示電視螢幕大小的『型』，指的是產品的種類或規格，而非計量單位」，故在《計量法》的規定範圍之外。

---

* 詳情請參考第 28 頁。《度量衡法》請參考第 54 頁
** 詳情請參考第 176 頁。
*** 註：日本的《度量衡法》。

第 2 章

單位從哪裡來？

「單位」是我們日常生活中不可
或缺的。「單位」是怎樣誕生的
呢？本章將帶領讀者從「單位」
的起源開始，回顧「單位」誕生
的過程。

單位是因應人們的「需求」而出現
～度量衡的誕生～

很久很久以前，人類以狩獵為生。一開始，人類依靠認知和感覺進行狩獵，後來在偶然之下，人類發現動物會在固定的時間行動。於是，舊石器時代的人類便學會了依照動物的行動習性進行狩獵。那麼，人類會不會為了計算動物行動的時期，而開始觀察月亮的盈缺、太陽的位置，進而判斷要在哪一天狩獵呢？狩獵結束後需要分配獵物，想必此時也會用到一些計算。換言之，人類在交流時，除了語言，還會用到計算這項行為。

隨著地球日漸暖化，隨著遷徙進行狩獵的人類，開始居住於固定的地區，並改以生產效率比狩獵更高的農耕或畜牧為生。

於是人類在土壤中挖洞，立起柱子，開始住有屋頂的房子。建造房子的過程中，人們發現，若將柱子依照一定間隔排列，可讓房子更能承受風吹雨打。於是人們開始測量柱子間隔的長度，長度的單位便應運而生。

另外，為了提高農耕及畜牧的生產效率，必須大家一起共同作業。若要分配耕地，或者以面積比例決定收穫的分配比例，就必須要測量土地的面積。人類最早測量的面積應該就是耕地，當時的人類可能會繞著耕地行走，並藉由行走步數來估算面積。

後來人類逐漸形成聚落，而聚落有時會需要和其他聚落交流。當人類打算以物易物，就需要用某個東西做為標準。

就這樣，當人們在比較兩個東西誰長誰短、誰大誰小、誰重誰輕時，會需要以某個能數量化的東西做為標準，這就是單位的由來。這些長度、體積、重量等性質的標準，就是所謂的**度量衡** *。度量衡指的是，各種測量的單位以及用來進行測量的各種工具。

　　過去由長度、體積、重量發展起來的標準，到了現在則演變成了各式各樣的單位，成為你我生活中不可或缺的一部分。人類為了在團體中生活，建立了各種標準，後來這些標準演變成了公認的單位。

*「度」是指長度、「量」是指體積、「衡」則是指重量。

➡ **度量衡指的是測量使用的單位或測量使用的工具**

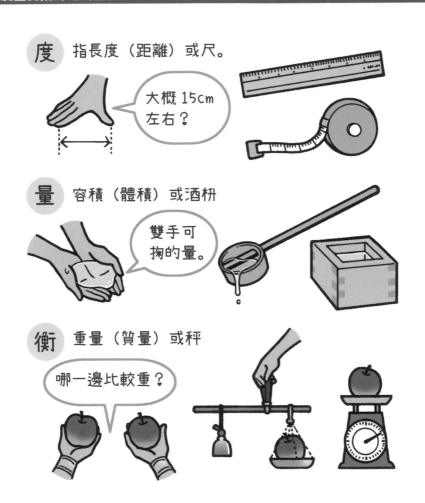

以太陽為標準的單位
stadion

在地球上看太陽，你是否知道，太陽要花多少時間才會移動「一個太陽直徑」的距離？換個說法來問，往遠方的建築物看過去，從太陽開始被一棟大樓擋住，一直到整個太陽完全被這棟大樓擋住，中間要經過多少時間呢？答案是約 2 分鐘。如果以角度來表示我們在地球上看到的太陽直徑（視直徑），約為 0.5 度（更精確的數字是約 32 角分*）。假設太陽繞地球一圈剛好需要 24 小時（1,440 分鐘），繞一圈是 360 度，故太陽繞 0.5 度需要的時間為 1,440 分鐘 ÷ 360 度 × 0.5 度＝2 分鐘，確實是 2 分鐘沒錯。

古代人會用太陽移動「一個太陽直徑」所需要的時間，來決定距離的單位。自太陽從地平線升起時開始走向太陽，到完全看到太陽時便停下來，中間走過的距離便成了距離的單位。

這個距離單位稱為 **stadion**，換算成現代的單位大約是 180 m。2 分鐘走 180 m，大約等於時速 5.4 km。我們平常走路的時速約為 4 km，可見古代人的步行速度相當快。

古奧林匹克競技場中會設置 1 stadion 的直線跑道。競技場會在起點與終點之間的 1 stadio（也就是約 180 m）畫線標示，但當我們實際測量這段距離，發現每個地方的 stadion 長度都不太一樣。究竟是因為當時的人們不在意這點差距，還是根本沒注意到有差距呢？現在已不得而知。

無論如何，最短的短跑競技距離就是 1 stadion，這項競技也被直接稱為 stadion，並衍生出「stadium（體育場）」這個英文單字，表示舉行這項競技的場所。

*1 角分，1 度的 1/60。詳情請參考第 88 頁

➡ Stadion 約為步行 2 分鐘的距離

在古代，每個地方的 stadion 長度都不太一樣。

雅典	184.96 m
德爾菲	178.35 m
奧林匹亞	191.27 m
埃皮達魯斯	181.30 m

以人類身體為標準的單位

cubit、double cubit、span、palm、digit、in、foot

有些長度的單位是用人體上的部位做為標準訂定出來的。

長度單位的起源一般公認是源自 **cubit**。cubit 指的是人體手肘到中指末梢的長度，必須以當時國王的手臂為標準。當然，如果換了一個國王，這個長度也會跟著變化。即使如此，cubit 仍是古代近東地區各國常用的基本單位。例如金字塔等建築，就是以 cubit 為標準丈量、建造出來的。這個單位在經過希臘羅馬時代後，傳播到歐洲各地，一直沿用到十九世紀左右。

另外，cubit 的兩倍——**double cubit** 據說就是「碼 yd」的起源。也有人認為，訂定 1 m 的長度時，就是想要取一段接近 double cubit 的長度。可見 double cubit 也是一個很重要的長度標準。

除此之外，手掌張開的幅度稱為 **span**，為 cubit 長度的一半。而 span 的三分之一長，相當於拇指以外之四指的指幅總和，稱為 **palm**。而 palm 的四分之一，也就是一根手指的指幅，稱為 **digit**。這裡的 digit 也是計算機領域的「digital」的語源。剩下的拇指指幅稱為 **in**（讀做 inch），這個名字一直流傳到了現代。

不只是手，腳底板的長度也可以當作單位，稱為 **foot**。Foot 的複數形 * 為「feet」，現在的 feet 定義為 30.48 cm。

許多以人體部位為標準的單位從古代流傳至今，成為我們身邊常用的單位。

---

* 當東西有兩個以上，需改用複數形的稱呼。表示一個的時候稱為 foot，表示兩個的時候稱為 feet。

➜ 以手腳長度為標準的單位

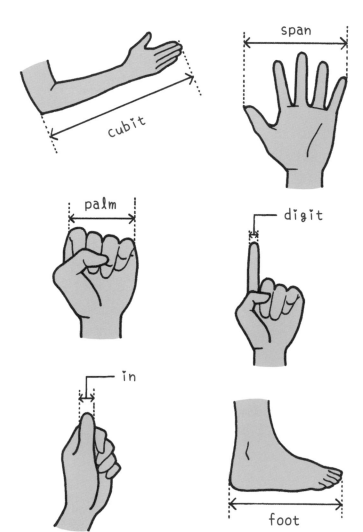

由「步行」衍生出來的單位
passus、milliarium（羅馬哩）、mile（英哩）

　　古羅馬會將軍隊前進一個複步 * 的距離稱為一個 **passus**，約為 147.9 cm。「passus」為拉丁文，這也是英文「pace」的語源。

　　這個 passus 的 1,000 倍，就是所謂的 **milliarium passus**，或者簡稱為 **milliarium**＊＊，人們公認這是 mile（英哩）的語源。也就是說，「pace」是一步，「mile」則是一千步的意思。

　　Milliarium 又被稱為**羅馬哩**。古羅馬有許多道路，一開始的道路是自然形成的，在西元前 312 年之後，以亞壁古道為首，各地開始修建起人工道路。亞壁古道又稱「女王之路」，至今仍留有道路遺跡。「亞壁（Appia）」意指 Appius 所建，Appius 就是建設這條道路的負責人名字。

　　這條亞壁古道上立有名為「里程碑（milestone）」的石柱。從道路的起點（羅馬）開始，每前進一羅馬哩（約 1.48 km）會設置一個里程碑，並會標註這是從起點算起的第幾個里程碑，讓人們知道自己與羅馬距離多遠。羅馬的每條道路都設有這種里程碑，這對常在道路上奔走的人們來說相當方便。據說現代道路、鐵道所使用的標識就是源自於此。

＊ 左腳和右腳各前進一步。
＊＊「milliarium」為拉丁文中的「千」的意思。

➡ 現代還在使用的單位

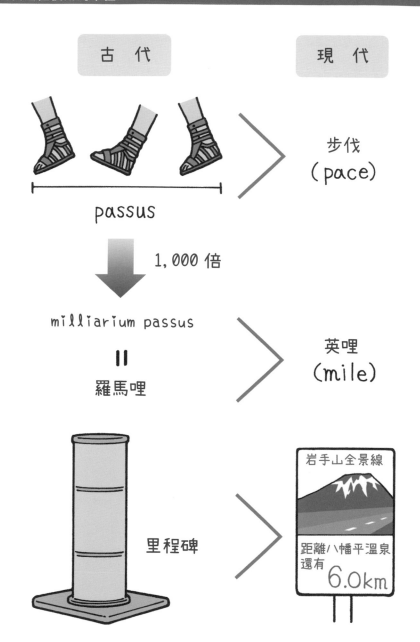

古 代

現 代

passus

步伐
（pace）

1,000 倍

milliarium passus

＝

羅馬哩

英哩
（mile）

里程碑

岩手山全景線

距離八幡平溫泉
還有
6.0km

由生物能力衍生出來的單位

jugerum、ac、morgen、馬力、拘盧舍、由旬、buka

有些農業上使用的單位，會以人類或動物的能力做為標準。

有個羅馬時代的面積單位稱為 **jugerum**，指的是「兩頭牛在中午前可以耕作的田地面積」，或者是「一頭牛一天內可以耕作的田地面積」。英國現在仍在使用的單位──英畝 **ac**（acre），則是指「一個人控制套有兩頭牛的牛軛 * 以及與其連在一起的犁 **，在一天內可以耕作的田地面積」。acre 為希臘語的軛，這個單位從十三世紀的愛德華一世時代起開始使用。關於 ac 的詳細說明，請參考第 80 頁。

morgen 也是一個表示面積的單位，指的是「一頭牛在中午前可以耕作的田地面積」。「morgen」在德語中是早上的意思。德語「Guten Morgen」就是「早安」的意思，是早晨的問候用語。

除了牛，馬也是自古以來就在人類生活中佔有重要地位的動物。馬的力量可被用來載運人或貨物，而**馬力**就是以馬的力量做為標準的單位。關於馬力的詳細說明，請參考第 108 頁。

古印度人將聽得到牛叫聲的距離稱為一個**拘盧舍**。1 拘盧舍（krosa）約為 1.8 km 到 3.6 km 左右，可說是個誤差範圍很大的單位。古印度人還將牛一天內可走的距離稱為一個**由旬**，1 由旬（yojana）約為 10 km 到 15 km，這個單位也讓人有種不怎麼精確的感覺。

另外，西伯利亞將可看清楚公牛有兩隻角（而非糊在一起）的距離稱為一個 **buka**（Бука），約為 1.7 km 到 7.7 km，這個單位的誤差範圍相當大。這些單位的大小會受到人類聽力、視力以及動物能力等因素影響，會有那麼大的誤差範圍也情有可原，後來的人們不再使用這些單位，是理所當然的。

---

* 連接車上兩根長棒（轅）的末端，並套在牛或馬的後頸上的橫木，讓牛或馬可以拉著車走。
** 翻土用的農具。

➡ 一個早上或整個白天可耕作的面積

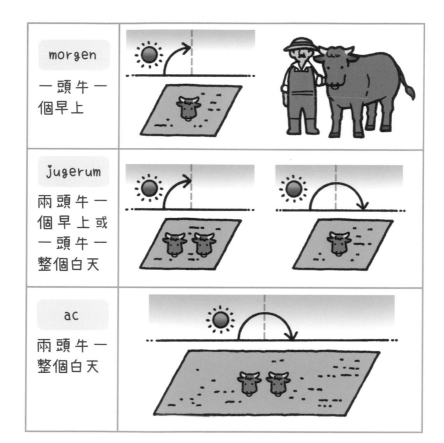

從中國傳至日本的單位
尺、寸、分、丈、龠、合、升、斛、步、坪、畝

　　古代的中國和西方一樣，都有使用以人體部位為標準的單位。張開手掌時，從拇指到中指的距離稱為一**尺**；而拇指的寬度則是一**寸**，就像英吋一樣。

　　不過，以手指間的距離為標準定出來的長度並不固定，故後來的人們便改用某些工具為標準，定出長度與容積的單位。

　　西元前 9 年左右，古中國人便已開始使用「黃鐘」這種樂器，黃鐘是決定基本音階的工具。樂器的長度需固定，才能發出特定頻率的聲音，而這種樂器的長度與排成一排的 90 粒黑黍相同。於是，人們將一粒黑黍的長度定為一**分**、十分為一寸、十寸為一尺、十尺為一**丈**。

　　在這之後，人們紛紛製作出各種測量用的尺。其中，周朝的建築工程中所使用的「曲尺」後來傳到日本，並使用至今。

　　做為長度標準使用的樂器，也被當成容量的標準。樂器內可放入 1,200 顆黑黍，而這個體積的水量稱為一**龠**、一龠的兩倍為一**合**、十合為一**升**、十升為一**斗**、十斗為一**斛**。

　　另外，與西方類似，古中國也以步幅做為標準，定出了面積的單位。古中國將兩步的長度稱為**步**，邊長等於這個長度的正方形面積又稱為一「步」，相當於六尺見方的面積，也就是現在的一**坪**。另外還有**畝**這個單位，周朝時的畝等於一百步。不過隨著時代的變遷，「畝」的面積大小也有所變動。畝這個單位傳到日本時，日本定為三十坪。

➡ 漢字字形的由來

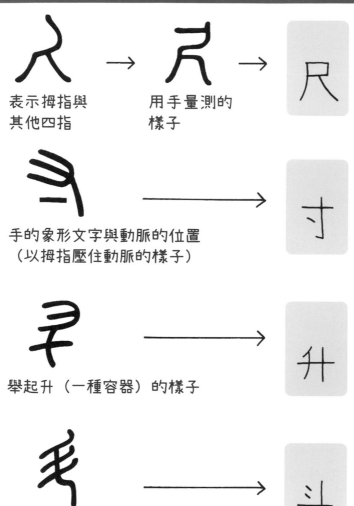

表示拇指與
其他四指

用手量測的
樣子

尺

手的象形文字與動脈的位置
（以拇指壓住動脈的樣子）

寸

舉起升（一種容器）的樣子

升

用柄杓舀水的樣子

斗

獨立演變的日本單位
握、搦、尺、咫、尋、常

日本在中國傳入尺（shaku）這個單位以前，就有在使用**握、搦、尺**（seki）、**咫、尋、常**等，可以用手測量的單位。

「握」指的是握拳時四根手指的寬度，約為 3 寸（9 cm）。「搦」也是類似的單位，表示四根手指可以握住的長度。「尺（seki）」是拇指與中指張開時的指尖距離，約為 6 寸（18 cm）。「咫」是一個和「尺（seki）」類似的單位，指的是拇指與食指張開時的指尖距離，故只要「將手放在物質上」，比幾下就可以測量出長度。「尋」指的是雙手水平張開時的長度，約為 5 尺（shaku）（1.5 m）。「常」是「尋」的兩倍，約為 1 丈（3 m），也有人說「常」是由「丈」轉變而成的漢字。

日本曾使用過一種獨特的時間表記法。江戶時代，將日出的上午六時稱為「黎明六時（akemutsu）」，日落的下午六時稱為「黃昏六時（kuremutsu）」，深夜十二時與正午十二時皆稱為「九時（kokonotsu）」。其中，「黎明六時」是一天的開始。另外，當時還將一天十二等分，以十二地支命名[*譯註]。每個地支再四等分，分別稱為一刻至四刻。不過，日出與日落時間會隨著季節改變，所以過去日本人在不同季節，對時刻長短的定義也不同。乍看之下不太方便，但因為只要看著太陽的高度就知道當時大致的時間，反而單純許多。據說日文的點心之所以稱為 yatsu，就是因為吃點心時間是下午三點，這個時間在江戶時代稱為「八時（yatsu）」。

另外，十二地支不只用來表示時間，還可用來表示方位。東南西北依序為卯、酉、午、子，東北為「丑寅」、東南為「辰巳」、西南為「未申」、西北「戌亥」。東北又被稱為「鬼門」，被認為是不怎麼好的方位。另外，就是因為鬼都從「丑寅」（日文音同「牛虎」）這個方位出入，所以人們將其塑造成「頭長牛角、身披虎皮」的形象。

＊譯註：相當於古中國的十二時辰。

➡ 江戶時代的時刻

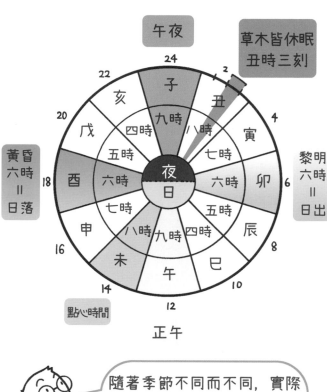

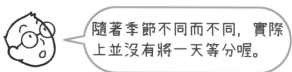

隨著季節不同而不同，實際上並沒有將一天等分喔。

太陽與月亮的大小

　　第 30 頁我們提到了太陽的直徑。在地球上看到的太陽與月亮大小幾乎相同，不過，因為月亮繞地球轉的軌道以及地球的公轉軌道是橢圓形，所以地球上看到的太陽和月亮並非一直都是相同大小。當月亮看起來比太陽大，月亮可以遮住整個太陽，形成「日全食」。平時因陽光過於眩目而看不到的日冕，在日全食時用肉眼便可看得很清楚。相對於「日全食」，當太陽看起來比月亮大，月亮無法遮住整個太陽，便會形成「日環食」。

　　看到這裡，你可能會有個疑問：「就算不是這個原因，同一天不同時間的月亮大小也不一定一樣啊！」

　　確實，仰角比較高的月亮以及在地平線附近的月亮，看起來大小確實不大一樣。不過這其實是人類視覺上的錯覺。這種現象又稱為「月球錯覺」，從西元前起就是一個未解之謎。直到現代，我們仍未完全瞭解這種錯覺，不過有許多種說法嘗試解釋其原因。例如「位於天頂的月亮與藍黑色夜空之間的對比很大，故月亮看起來比較小」，或者是「地平線附近的月亮與地面間有許多建築物，這些建築物在視覺上會強調景深，使月亮看起來比較大」等等……。若拿起五元硬幣，伸直手臂，那麼硬幣中間的洞便與月亮的大小相仿。只要拿日幣比較一下，就會發現地平線附近的月亮其實和天頂附近的月亮一樣大，有機會的話一定要試試看。

　　夕陽看起來之所以比較大也是這個原因，其實夕陽和中午的太陽一樣大。

第 3 章

「長度」和「距離」比一比

最常用的單位，大概是表示長度的單位。本章將介紹各種長度單位，包括小到肉眼無法分辨的長度單位，以及大到用來測量宇宙各星球間距離所用的長度單位。

身邊常見的長度單位

m、km、cm、mm、μm、nm、pm

被問到「○○有多長呢？」的時候，人們通常會回答「○○ m」或「○○ cm」。我們平常使用的各種長度測量工具都是以公尺 **m** 為標準定出刻度的，所以會在無意識中使用這個單位。

不過，應該很少人知道 m 這個單位其實源自法文的「測量」吧。日本有許多「外來語」，其中，源自法文的外來語並不多。然而，長度的單位居然來自法文，是不是讓人有點意外呢？

這個「測量」到了英文中後變成了「meter」。日文中，許多用來測量電流或瓦斯的機器之所以稱為「○○メーター」，是因為這些機器的名字都來自英文。另外，訂做衣服時需測量三圍，這時用的皮尺在日文中稱為「メジャー」，這也來自英文的 measure。日本人還真是愛用外來語呢。

長度的標準是公尺 m，加上前綴詞（參考第 185 頁）後，可以得到代表一千公尺的公里 **km**、百分之一公尺的公分 **cm** 以及千分之一公尺的毫米 **mm**。另外還有日常生活中比較少看到的百萬分之一公尺的微米 **μm**、十億分之一的奈米 **nm** 以及一兆分之一的皮米 **pm**。

公尺 m 真不愧是國際單位制（SI）的基本單位，從很長的距離到肉眼看不到的微小距離，都可以用 m 和其衍伸單位來表示，可以說是「長度中的萬用單位」。

➡ 依公尺法而來的長度單位

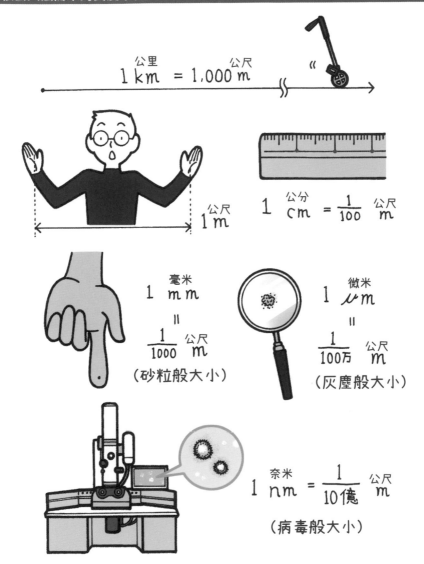

$$1 \overset{公里}{km} = 1,000 \overset{公尺}{m}$$

$$1 \overset{公尺}{m}$$

$$1 \overset{公分}{cm} = \frac{1}{100} \overset{公尺}{m}$$

$$1 \overset{毫米}{mm} = \frac{1}{1000} \overset{公尺}{m}$$

（砂粒般大小）

$$1 \overset{微米}{\mu m} = \frac{1}{100万} \overset{公尺}{m}$$

（灰塵般大小）

$$1 \overset{奈米}{nm} = \frac{1}{10億} \overset{公尺}{m}$$

（病毒般大小）

你的牛仔褲是什麼 size？

inch（in）、yd

一般人大概都有一兩件牛仔褲吧。如果問一個人這一節標題的問題，會得到什麼樣的答案呢？一部分的人可能會回答：「這涉及個人隱私，恕我無可奉告」，或者是「這是在性騷擾嗎？」之類的。不過，應該也有不少人會說出：「牛仔褲有是有，但是是很久以前買的……怎麼了嗎？」或者是：「如果是問我的腰圍，我知道……我忘了自己腰圍是多少？」之類。

有時我們會用 cm 來表示牛仔褲的腰圍，有時會用 **inch**（或者簡稱 **in**）來表示。

這個單位可以寫成國字的「吋」。1 in 等於 2.54 cm，與亞洲圈所使用的長度單位「寸」大小相近，故中國稱其為「英吋」。日本是從明治時期開始用「吋」這個字來表示這個單位。

這個 in 並不屬於國際單位制（SI），卻是許多英語圈國家習慣使用的「英制」單位。英制單位以碼 **yd** 做為長度標準，以磅 lb 做為重量 [*] 標準。英制單位在日本稱為「yaado-pond」，在英國稱為「Imperial unit（帝國單位）」，在美國則稱為「U.S. customary unit（美國常用單位）」。真要說，「pond」其實是荷蘭文，英文應該要念成「pound」，但畢竟日本人是先聽到荷蘭人講這個單位，所以會說成 pond。

in 與同屬於「英制單位」的 ft、yd 之間的關係為 1 in = 1/12 ft = 1/36 yd。

另外，in 也可以用符號「″」來表示，這個符號稱為「double prime（角秒符號）」[**]，在日本又稱為「tsuudasshu」。雖然這和「雙引號（"）」是不同符號，但乍看之下十分相似，一般並不會嚴格區分。

---

* 正確來說應該是「質量」。
** 也可用來表示角度的「秒」。

➡ 常用「in（英吋）」來表示的生活物品

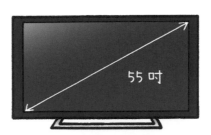

● 牛仔褲的腰圍
28 吋（in）＝ 71.12 公分
（cm）

● 電視螢幕或電腦螢幕的
畫面對角線長度
55 吋（in）＝ 139.7 公分（cm）

● 汽車及機車的直徑
（輪圈直徑）
15 吋（in）＝ 38.1 公分
（cm）

● 腳踏車輪胎在充氣時的尺寸
16 吋（in）＝ 40.64 公分（cm）

同樣是交通工具，同樣用英吋做為單位，測量汽機車
與腳踏車輪胎時，測的卻是不同部位。

全壘打會飛多遠？

yd、ft

　　高爾夫球是很受歡迎的運動之一，是用碼 **yd** 這個單位來表示球飛行的距離以及球與旗桿之間的距離。而棒球的外野距離，則是以英呎 **ft** 這個單位來表示。在運動界中，常會用某項運動發源地所使用的單位，做為那項運動使用的單位。

　　在棒球場中，從投手板到本壘板尖端的距離定為 60.6 ft。1 ft[*] 為 0.3048 m，故 60.6 ft 為 18.47 m。

　　照理來說，既然是用 ft 來決定場地的各種距離，原本不應該出現這種瑣碎的數字，但這其實是有理由的。「原本這段距離為 45 ft，不過阿莫斯・魯西這位投手的球速過快，打者根本打不到，於是規則委員會決定要拉長投手板到本壘板的距離，於 1893 年時決定將這段距離改為 60 ft。但在場地的製圖階段中，規則委員會在文件上寫的『60.0 feet』過於潦草，設計師把它看成『60.6 feet』，畫出了錯誤的設計圖。雖然最後有注意到這個錯誤，卻也沒有再更正回來。」

　　或許你覺得很難相信，但這真的是事實。比這更有趣的是，一場棒球賽之所以會打九局，是因為比賽結束後負責製作餐點招待客隊球員的廚師們抗議，要是把比賽打完（當時的規則是先取得 21 分者獲勝）「就不知道要從什麼時候開始準備餐點」。知道這件事之後，或許就覺得因為看錯數字而改變投手板與本壘板距離這件事沒什麼大不了的了。

　　另外，並不是每個棒球場的大小都相同。日本的公定棒球規則 2.01 規定，「左右外野需在 320 ft（97.53 m）以上，中外野需在 400 ft（121.918 m）以上」，不過，一些日本職業棒球球團的主場，直到 2017 年仍未符合這個標準。

---

* 單數為「foot」，不過就算只有 1 ft 也會念做「feet」。

棒球源自於美國，當初有許多棒球場闢建在城市內的空地，形狀、大小各有不同，而日本也仿效了這樣的精神，或許這就是原因吧。

➡ 英吋、英呎、碼之間的關係

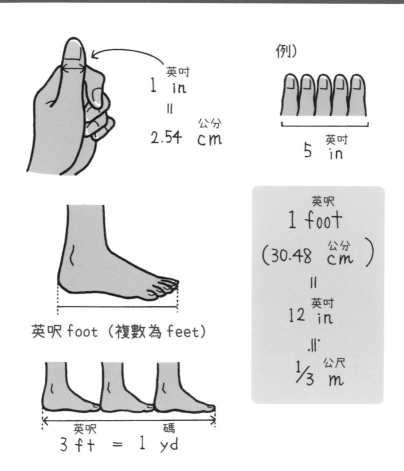

不管是拇指寬度還是腳掌長度，都比日本人的平均值還要大，是因為人種差異嗎？

日本家庭常見的日本單位

間、疊（帖）、尺、寸

如同我們在第一章中提到的，雖然目前日本法律規定，交易時應使用國際單位制（SI），但尺貫法的使用習慣仍未消失。

其中有個單位稱為**間**。這原本是古中國用來表示「柱與柱的間隔」時所使用的單位。日本在 1582 年的太閤檢地（土地測量）中規定一間為「6尺 3 寸」，江戶時代則定一間為「6 尺 1 寸」。間在每個地方的長度都不太一樣，是一個完成度比較低的單位。直到明治時代，定義一間為「6 尺」，才比較有通用單位的樣子。

疊也是一個目前仍在使用的單位。如其名所示，疊 *[譯註] 可用來表示「一個榻榻米的面積」。日本有句話說：「站著是半疊，躺著是一疊」，可見榻榻米（疊）與日本人的生活有著相當密切的關係，會被當做單位使用也是理所當然的事。

如同在第一章中提到的，現在日本不管是西式、日式的房間，都會用「疊」或**帖**來表示面積。兩者意思相同，並不是西式房間就一定用帖、日式房間就一定用疊。而房地產的廣告中，會用 1 疊（帖）等於 1.62 m^2 左右的比例進行換算。不過，即使都稱為疊（帖），在日本各地所代表的面積大小也不盡相同，所以這個單位很難作為全國性的標準使用。

除此之外，日本人常會用**尺**與**寸** *等單位來表示家具大小。尺相當於公制的「30.30303… cm**」，寸則相當於公制的「3.030303… cm」。

---

* 一般是當做長度單位使用，不過也可以像「度」一樣，當做坡度單位使用。
** 這是曲尺的長度，如果是鯨尺則是「37.879 cm」。
* 譯註：疊在日文中也是榻榻米的意思。

➡ 日本各種不同的「畳（帖）」

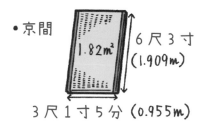

• 京間

6 尺 3 寸
（1.909m）

3 尺 1 寸 5 分（0.955m）

別名：本間、本間間、關西間／畳間／帖間
使用區域：主要用於中國 *譯註、四國、關西地方
6 尺 3 寸（1.909 m）× 3 尺 1 寸 5 分（0.955 m）
≒ 1.82 m²

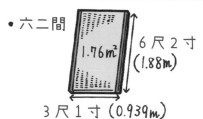

• 六二間

6 尺 2 寸
（1.88m）

3 尺 1 寸（0.939m）

別名：佐賀間
使用區域：九州地方
6 尺 2 寸（1.88 m）× 3 尺 1 寸（0.939 m）
≒ 1.76 m²

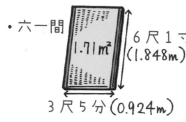

• 六一間

6 尺 1 寸
（1.848m）

3 尺 5 分（0.924m）

別名：六一、安藝間
使用區域：山口縣、廣島縣
6 尺 1 寸（1.848 m）× 3 尺 5 分（0.924 m）
≒ 1.71 m²

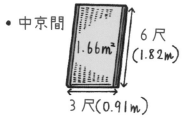

• 中京間

6 尺
（1.82m）

3 尺（0.91m）

別名：三六間、三六、名古屋間、間之間
使用區域：中部、名古屋地方
6 尺（1.82 m）× 3 尺（0.91 m）≒ 1.66 m²

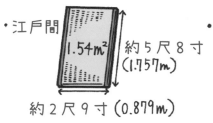

• 江戶間

約 5 尺 8 寸
（1.757m）

約 2 尺 9 寸（0.879m）

別名：關東間、田舍間、五八間、五八、芯間、
真間
使用區域：關東、東北、北海道地方
約 5 尺 8 寸（1.757 m）× 約 2 尺 9 寸（0.879 m）
≒ 1.54 m²

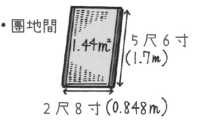

• 團地間

5 尺 6 寸
（1.7m）

2 尺 8 寸（0.848m）

別名：五六間、五六、公團 size
5 尺 6 寸（1.7 m）× 2 尺 8 寸（0.848 m）
≒ 1.44 m²

* 因為畳的長寬是以柱心的間隔為標準定出來的，故各種畳的長寬略有差異。除了上面提到的畳之外，
  還有「團 地間小」這種畳，大小為 5 尺 3 寸（1.606 m）× 2 尺 6 寸 5 分（0.803 m）≒ 1.29
  m²。
* 譯註：此指日本的中國地方，位於本州島西部，包括鳥取縣、島根縣、岡山縣、廣島縣、山口縣等
  五個縣。

測量更長、更遠、更廣
furlong、chain、mile、nautical mile（海浬）

除了國際單位制（SI）的公里 km，還可以用英制的碼 yd、chain、furlong、mile 等單位來表示較長距離的長度。

將第 46～49 頁提到的「碼 yd」與上述單位比較，可以得到 1 **furlong**（化朗）＝ 220 碼＝ 660 英呎＝ 10 **chain**（鏈）。換算成國際單位制（SI）後可得到「201.168 m」。

想必大家應該很少聽到 furlong 這個單位吧，其實在日本的賽馬中，就會用到 furlong 和 mile 這兩個單位。不過日本的賽馬為了方便 *，將 1 furlong 定為 200 m。**mile** 的話就比較常聽到了。1 mile 等於 8 furlong，亦等於國際單位制（SI）的 1,609.344 公尺。不過日本賽馬的距離是剛好 1,600 公尺。

➡ **furlong、碼、英呎、chain 之間的關係**

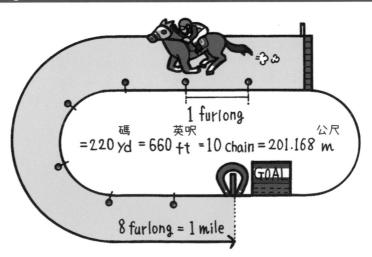

雖說如此，這也只是陸地上的情況。海上與空中的 1 mile 比陸地上的 1 mile 還要長，是 1,852 m。為了與陸地的 mile（英哩）做出區別，我們會將海上與空中的 mile 稱為「**nautical mile（海浬）**」，或者是「seamile」。

如果只有說「mile」，通常指的是用在陸地上的英哩。

另外，至今仍堅持使用英制單位的美國還定義了「美國測量用英哩（U.S. survey mile）」與「美國測量用英呎（U.S. survey foot）」等單位。依照他們的定義，1 英吋等於 2.54000508001 公分，比前面提到的 2.54 公分（參考第 46 頁）還要長一些些。因此，在測量廣大土地時，會產生不小的誤差。不過美國的土地本來就很大，這樣的誤差範圍應該還算能夠接受。

---

* 《計量法》規定，距離必須以 m（公尺）來表示，實際上的賽馬場也是用 m 來表示距離。若賽馬場用正規 furlong 做為單位，轉換成公尺時會出現小數點，不容易閱讀。或許就是因為這樣，才把 1 furlong 定為 200 公尺。

➡ **陸地的 mile，海、空的 mile**

● 陸地的 mile（英哩）

$$1 \text{ mile} = 1,609.344 \text{ m}$$

● 海、空的 mile（海浬）

$$1 \text{ mile} = 1,852 \text{ m}$$

日本的長度單位及參道的石柱
里、步、町（丁）、間、尺、寸、分

接著再讓我們把焦點轉回日本。日本尺貫法的**里**，是一個用來表示較長距離的長度單位。原本這個單位是古中國用來表示面積的單位，不過人們後來將大小為一里之正方形的邊長又稱為一里。那麼，一里到底有多大呢……這也隨著時代與地區而有所不同，可能是 100 戶或 110 戶不等。

之後這個單位傳到了日本，奈良時代的律令制規定 50 戶為一里。當時人們常用身體部位做為長度單位的標準，稱為身體尺[*]。而若將這裡的一里換算成當時的身體尺單位——**步**[**]，可以得到 360 步。又 60 步為一**町**或一**丁**，故里又稱為「六町（丁）」。不過，這樣的測量方式會隨著測量者的不同而測到不同數字，故很難說是精確的單位，而是會時常改變長度。

於 1891 年制定的《度量衡法》中，規定一里為 36 町。若換算成國際單位制（SI），可以得到 3,927.2727 m（約 4 km）。

說到町，作者（伊藤）想到的是「高野山」。2004 年 7 月時，聯合國教育、科學及文化組織通過「紀伊山地的靈場與參拜道路」為世界遺產，而高野山就是其中一部分，每年都有許多觀光客拜訪。

高野山的參拜道路上，每隔一町會搭建一個稱為「町石」的石柱。從山上的壇上伽藍、根本大塔到慈尊院，中間一共有 180 座石柱；從大塔到高野山奧院、弘法大師御廟，則有 216 座石柱。讓參拜道路上的參拜者，隨時可以感覺到自己和空海（弘法大師）「離得多近」。

1 町為 60 **間**，1 間為 6 **尺**，1 尺為 10 **寸**，1 寸為 10 **分**，在日本的長度單位中混合使用了十進位法與六十進位法。相較之下，國際單位制（SI）的長度以公尺 m 為標準，統一使用十進位法，讓人感覺計算起來比較方便。

---

* 以身體部位作為長度單位的例子可以參考第 32 頁與第 40 頁。
** 這裡的一步為一複步的意思，相當於走兩步的距離。

➡ 尺貫法的長度與表示方式

已經走到這裡了啊一

後面還很遠喔。

1 町（丁）= 60 間＝約 109 m
大約等於短跑的距離

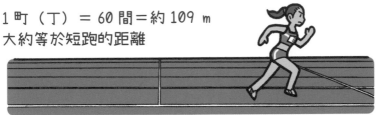

1 間＝ 6 尺＝約 1.8 m

柱與柱的間隔

1 尺＝ 10 寸＝約 30.3 cm

1 寸＝ 10 分＝約 3.03 cm

「分」有 1/10 的意思。

馳騁宇宙間的單位
天文單位（日地距離）、光年、pc

　　有些單位專門用來表示難以想像、「如天文數字般的」長距離。第 2 章中曾提到，單位常會以我們周圍的東西做為標準，但星體之間的距離遠比這些單位大得多。雖然仍可用國際單位制（SI）來表示星體間的距離，卻會讓人覺得「不好理解」「不好用」。

　　因此，天文學中有自己習慣使用的單位。地球是太陽系的行星，所以天文學家們用太陽與地球間的距離為標準，稱這段距離為**天文單位*** 或**日地距離**。其精確定義為：「地球公轉之橢圓軌道的長徑」，如果解釋成「太陽與地球間的平均距離」應該比較好理解。不過，畢竟這段距離非常長，所以產生的誤差也不小……。這個單位通常用來表示太陽系內各星體間的距離。

　　接下來要介紹的是常出現在科幻小說、戲劇、電影的**光年**（light year, l.y）。如其名所示，光年指的是光一年內走的距離。不過光的速度實在太快，一般人應該很難想像這段距離有多長吧。光一秒內可前進 30 萬 km**（又稱 1 光秒），相當於繞地球赤道七圈半的距離，這樣應該可以感覺得到這段距離有多長吧。

　　除此之外，還有一種稱為秒差距 **pc** 的單位。藉由三角形的幾何特性，可以「三角測量」來測定兩物質間的距離，而 pc 就是用這種方法來測定我們與星體間的距離的，這是由「parallax（視差）」和「second（角度單位的秒）」組合而成的單位。

---

* 英文寫做「astronomical unit」，可簡稱為「AU」「au」「a.u」「ua」等。
** 精確數字為 29.9792458 萬 km。

➡ 天文單位（日地距離）

地球

太陽

1 天文單位

➡ 光年

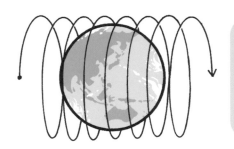

1 光年 = 光以 1 秒繞地球 7.5 圈的速度前進一年所走的距離 = 約 9 兆 4600 億 km

➡ pc（秒差距）

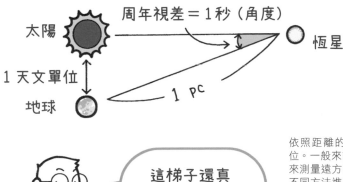

周年視差 = 1 秒（角度）

太陽

恆星

1 天文單位

1 pc

地球

這梯子還真長呢……

依照距離的不同會使用不同的單位。一般來說，不會只用一種方法來測量遠方的星體，而是組合各種不同方法進行測量。例如，用一種方法得到的結果做為另一種方法的測量依據，就像是爬梯子一樣，故又稱為「宇宙距離梯度（cosmic distance ladder）」。

長度的標準「公尺原器」

本書介紹了許多單位。定義一個單位，除了要知道它是哪一種量的單位，以及它所代表的「量」是多少，還需知道它的測定標準是什麼。測定標準需以基本單位定義，如果用一個實體物品來表示基本單位的大小，這個物品就稱為「原器」。

第 21 頁中提到了簡易版的單位歷史年表。1875 年 5 月 20 日 *，世界 17 個國家一起決定了公制。不久後的 1879 年，便製作了公尺原器與公斤原器。

公尺原器與公斤原器皆是以 90% 白金與 10% 銥製成的合金。公尺原器的橫剖面為 X 字型。因提案者名字為 Tresca，故這種剖面又稱為「Tresca 剖面」。

公尺原器兩端附近各有一個橢圓形標誌，該標誌內有三條平行線。定義 0℃時，位於兩標誌中央的線之間隔為 1 公尺。製作公尺原器時，曾試作了 30 個作品，其中 No.6 的「mètre des Archives **」最接近 1 公尺的長度，故將其當做**國際公尺原器**（標準器）。

➡ **早期的公尺原器**

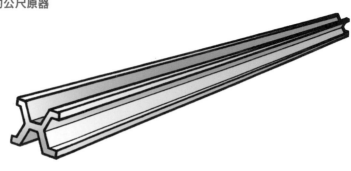

於是，這個公尺原器在 1889 年召開的第一屆國際度量衡大會（CGPM）中獲得承認。日本在稍早的 1885 年時簽署了公制條約，並於 1890 年時獲得了其中一個公尺原器。根據抽籤結果，日本拿到的是 No.22 公尺原器，和國際公尺原器（標準器）相比，日本的公尺原器短了約 0.78μm。

各個公尺原器之間有著些許的長度誤差，隨著時間經過，也會逐漸偏離正確長度。另外，也不保證原器在未來不會丟失、遭竊、毀損，故 1983 年的第十七屆國際度量衡大會中，決定改用物理現象來定義公尺，其定義如下。

> 光在 2 億 9979 萬 2458 分之 1*** 秒的時間內，於真空中前進的距離。

不過，若要讓這個定義有意義，必須要先定義「1 秒」是多長。在 1967 ～ 1968 年的第十三屆國際度量衡大會上，決定「1 秒」的定義如下。

> 銫 113 原子在基態下，兩個超精細能階之間的躍遷所對應之輻射，經過 91 億 9263 萬 1770 個週期所需要的時間。

---

* 為紀念這一天，每年的 5 月 20 日被定為「世界計量日」。此外，日本在「新計量法」開始施行的 1993 年以後，將 11 月 1 日定為經濟產業省的四大紀念日之一「計量紀念日」。
** 法國的德朗布爾（Delambre）與梅尚（Méchain）沿著連接法國北岸敦刻爾克與西班牙巴塞隆納的經線，進行了為時七年的三角測量工作，計算得到地球的子午線全長（南北向繞行地球一周的距離）。再計算子午線全長乘上 4×10^7 分之 1 的長度，做為長度的標準（1 m），這就是「mètre des Archives」。
*** 2 億 9979 萬 2458 m/s 就是光的速度。

像這樣逐漸改變公尺的定義，便可以得到更精確的數字。不過在更改定義之後，便需要新的原器來定義公尺，於是人們開始著手製作新的公尺原器。

　　依照日本舊公尺原器的定義方式，「測量東京到大阪的距離會誤差一個高爾夫球的大小」；而依照新的公尺原器定義方式，「測量東京到大阪的距離會誤差一根頭髮的寬度」，精確度有了飛躍性的提升。早期的公尺原器是由法國分配出來的實物，目前日本國內所使用的公尺原器則是以通商產業省^{****}計量研究所為中心，由多個團隊合作，依照前面提到的定義在日本國內製作出來的儀器。光學零件的製作者不明，金屬零件則是由神津精機株式會社負責設計與製作。這個公司也提供相關測定器給美國研究機構、NASA（美國航太總署）等單位。隨著人類科技的進步，對原器精密度的要求就越來越高。

➡ **目前的公尺原器「碘穩頻 633 nm 氦氖雷射共振器」（照片提供：神津精機株式會社）**

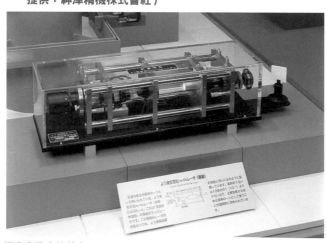

**** 現在的經濟產業省的前身。

第 4 章

「重」和「輕」的界線
在哪裡？

除了長度，「重量（質量）」單
位也很常見。本章中將介紹kg（公
斤）、t（噸）、貫、匁等，測量
物質重量時會使用的各種單位。

重量「原器」的責任很重嗎？

kg

說某個東西很「重」或很「輕」時，通常會用 **kg** 當作單位。

人們一開始用水來定義重量。1870 年代時，人們定義「1 大氣壓、0℃ 的環境下，1 dm³（立方公寸）蒸餾水（即 1 L 蒸餾水）的質量」為 1 公斤。與長度類似，重量的單位也是以周圍的事物做為標準。

法國於 1879 年時製造了三個做為重量標準的原器，並從中選擇一個做為「國際公斤原器」。這是由 90% 的鉑與 10% 的銥混合而成的合金，是一個直徑與高皆為 39 mm 的圓柱。原器被存放在有兩層氣密容器保護的環境中，使其不致因變質而改變重量。2017 年，由 BIPM* 保管於法國巴黎郊外，一個名為塞夫爾（Sèvres）的市鎮內。

不過，不管再怎麼嚴格管理，再次測定國際公斤原器時，依舊發現原器在一年內的變化可達 20×10^{-9} kg。於是，自 1999 年的第 21 屆國際度量衡大會起，人們再次嘗試使用各種理論重新定義公斤。最後決定用量子力學中的基本常數「普朗克常數」來定義質量。這是由包括日本產總研** 在內，來自世界五個國家、八個研究團隊提出的方案。另有報導指出，產總研使用均質結晶結構的半導體材料「矽」，製作出球狀的矽塊（2017 年 10 月 25 日《每日新聞》），或許就是公斤原器的試作品。

公斤原器在 130 年間承擔著重量標準這個「重責大任」，現在終於可以交棒給下一代原器了***。而日本的研究機關能夠參與交棒的過程，也讓日本人覺得與有榮焉。

---

* 「Bureau International des Poids et Mesures」的簡稱，中文稱為「國際度量衡局」。
** 正式稱呼為「國立研究開發法人產業技術總和研究所」（簡稱為 AIST），是協助研究機構發展有利於日本產業與日本社會之新技術，並協助技術投入應用的日本最高官方研究機關。
*** 新的公斤原器由產總研於 2017 年 10 月製作，正式採用的時間可能有所變更。

➡ 公斤原器的世代交替

接下來就交給你囉

交給我吧！

● 舊公斤原器

出生年：1889 年（認可年分）
身高：39 mm（毫米）
腰圍：39 mm（毫米）
成分：合金
　　　（90% 鉑、10% 銥）

● 新公斤原器

出生年：2018 年
體長：9.4 cm（公分）
成分：半導體（矽）

「1 小匙」有多重？

g、ml、fl oz

　　有人說：「用 1% 濃度左右的鹽水來煮義大利麵會更好吃」。當然也有人會反駁「不，應該是 1.2% 才對」「2.5% 比較好吃啦」。無論如何，這些比例都是用水和鹽的重量計算出來的。例如，將 10 g 的鹽溶解於 1,000 g（1 kg）水中，煮沸並蒸發掉 10 g 的水後，鹽的濃度就會是 1%。此外，各種食材、調味料的重量比也是一道餐點的重要 knowhow。

　　不過，要一一計算每種調味料的重量也很麻煩，所以食譜上的液體、粉狀物常會用「1 小匙」「1 大匙」「1 杯」等單位來表示。

　　拿前面提到的例子來說，1,000 g 的水為 1,000 **mL**，相當於 5 杯（每杯 200 mL）。若鹽是粗鹽，則 10 g 的鹽約 10 mL，也就是 2 小匙（每小匙 5 mL，以平匙計），故可寫成「每 5 杯水加入 2 小匙粗鹽」。這樣在操作上會方便許多。

　　在英文圈的食譜中，會使用類似小匙的「茶匙 teaspoon（tsp.）」、類似大匙的「湯匙 tablespoon（tbsp.）」做為單位。有趣的是，隨著地區與時代的不同，茶匙與湯匙的定義也不盡相同。

　　那麼美國與英國又是如何呢？他們定義「質量為 1 oz[*]（常衡盎司，約 28.35 g）的水的體積」為 1 **fl oz**[**]（液盎司）。1 tsp. 在美國等於「1/6 fl oz（美液盎司）」，在英國等於「1/8 fl oz（英液盎司）」。1 tbsp. 在美國等於「1/2 fl oz（美液盎司）」，在英國則等於「1/2 ～ 5/8 fl oz（英液盎司）」。

　　各位發現了嗎？從數字可以看出，美國和英國連標準單位的量都不一樣。美液盎司約為 28.41 mL，英液盎司則約為 29.57 mL。經計算後會發現，英美所使用的計量湯匙似乎比日本的還要小一些。據說他們在量粉末時不是以平匙計，而是任粉末堆積成小山。而且英國對湯匙 tbsp. 的定義比較廣，還可能會使用較大的湯匙***。過去人們之所以說「英國的食物很難吃」，或許就是這個原因造成的。

* 關於 oz 的說明請參考第 72 頁。
**fluid ounce（液盎司）之簡稱。
*** 英國的「1 湯匙」有很多種標準，目前的 tablespoon 定為 15 mL，與日本的 1 大匙相同。不管是英國還是美國，市面上都有販賣標有「1 tsp 5 mL」、「1 tbsp 15 mL」的計量匙。

➡ 以各種計量器具量測液體或粉末時，一單位的質量（單位：g（克））

計量器具 / 食材（調味料）	小匙（5 mL）	大匙（15 mL）	杯（200 mL）
水	5	15	200
酒	5	15	200
醋	5	15	200
昆布高湯	5	15	200
醬油	6	18	230
味醂	6	18	230
味噌	6	18	230
鹽／粗鹽	5	15	180
鹽／精鹽	6	18	240
上白糖	3	9	130
細砂糖	4	12	180
高筋麵粉	3	9	110
低筋麵粉	3	9	110
小蘇打粉	4	12	190
太白粉	3	9	130
發粉	4	12	150
伍斯特醬	6	18	240
美乃滋	4	12	190
起酥油	4	12	160
蜂蜜	7	21	280
鮮奶油	5	15	200
油、奶油	4	12	180

＊不同食品廠商、不同混合比例、不同密度下，量到的重量也不一樣。除了 1 杯 200 mL 的量杯，每 50 mL 一個刻度的 500 mL 量杯也很受歡迎。

每個國家葡萄酒的重量標準都不一樣嗎？

t、Mg

要表示較輕物品的重量時，常會用「克 g」做為單位。而國際單位制（SI）中，重量（質量）的基本單位則是「公斤 kg」。

如果重量遠大於公斤，則會使用噸 t 這個單位。這個單位常用於表示汽車重量或卡車的載重量，想必各位應該聽過這個單位。

若追溯其語源，會發現這個單位其實也與我們的生活有關。t 的全稱為「ton」或「tonne」，源自古語「tunne」或古拉丁文「tonne」，意為「酒桶」。法國的葡萄酒相當有名，酒桶可盛裝的水的重量，正好就是 1 t。

原本英制規定 2,100 lb 等於 1 t，不過在引入以法國為核心的公制之後，便創造出了新的單位「公噸」。這就是我們平常使用的噸，相當於「1,000 kg」。國際單位制（SI）建議在 g 的前面加上代表 100 萬倍的前綴詞「M」*，用百萬克 **Mg** 來表示公噸，並避免使用 t。然而，t 在歷史上已使用很長一段時間，故在不強制規定要用國際單位制（SI）的情況下，通常會 t 和 Mg 並用。

另外，原本就使用英制單位的英國與美國自然仍在使用 t 這個單位，不過兩邊對 t 的定義卻不太一樣。英國的 1 t = 2,240 lb（約 1,016 kg），又稱為「長噸」；美國的 1 t = 2,000 lb（約 907 kg），又稱為「短噸」。為了區別這些不同的噸，使用英制的噸時會寫成「ton」，使用公制的噸時則會寫成「tonne」。

不過，差別還不致於誇張到「在英國買葡萄酒比較划算」吧……。

* 詳細說明請參考第 185 頁。

➡ 各種「t（噸）」的差別

噸
「t」的由來（法國）

在可以裝 252 葡萄酒加侖
的酒桶內注滿水，這些水
的總重量就是 1 噸 tonne
（約 2,100 lb）。

公噸 （國際單位制）	英噸 （長噸）	美噸 （短噸）
噸 1 t		
= 1 Mg	= 2,240 lb	= 2,000 lb
= 1,000 kg	≒ 1,016 kg	≒ 907 kg

愛情的稱重單位
carat、karat

　　雖然每個女生不大一樣，不過很多女性都喜歡飾品，特別是飾品上的寶石。所以應該會對寶石價值的單位有興趣……應該不是只有我這麼想吧。

　　說到寶石，想必大家第一個想到的應該是鑽石。我們可以從 cut（切割）、color（色澤）、clarity*（淨度）以及 carat（克拉，質量單位）等四個面向來評斷鑽石的品質。這四個字的字首皆為 C，故統稱為「4C」。

　　其中，cut、color、clarity 皆需由 gemologist（寶石學家）以定性方法判斷，carat 則能以定量方法測定。**carat** 原本是指一顆克拉豆（蝗豆，學名為 *Ceratonia siliqua*）的重量。不過，這就和第 1 章中提到的「個別單位」一樣，有地區差異性，在商業交易上很不方便，人們一直希望能夠統一其數字。到了 1907 年，1 carat 被定義為 0.2 g，之後也一直使用這個數字。

　　除了質量，我們還會用「硬度」描述寶石（礦石）堅硬程度，雖然這不太像一個單位。硬度可以表示「礦石被刮到時，有多容易受損」。第一個提出這個概念的人是德國的礦物學者腓特烈・摩斯（Friedrich Mohs），故以他的名字稱這種硬度標準為「莫氏硬度」。

　　另外還有一個念起來和 carat 很像的單位，稱為 **karat**。這是表示黃金純度的單位，在美國寫成「K」，在日本則寫成「金」，以 24 分率的形式表示黃金的純度。例如純度 100% 的黃金為 24/24，故會寫成「24 金（24K金）」；純度 75% 的黃金為 18/24，故會寫成「18 金（18K 金）」。

---

* 海或湖泊的透明度會用 m（公尺）做為單位，以定量方式表示。寶石的透明度則是由名為 G.I.A. 的機構訂定標準，並由寶石學家以 10 倍放大鏡鑑定，將透明度分為 11 個等級。

➡ 代表性的寶石與硬度 ※

種類	硬度	莫氏硬度的標準物質
鑽石（金剛石）	10	○
剛玉	9	○
紅寶石	9	
藍寶石	9	
貓眼石	8.5	
黃玉	8	○
祖母綠	7.5～8	
海藍寶石	7.5～8	
碧璽	7～7.5	
石英	7	○
石榴石	7	
紫水晶	7	
黃水晶	7	
翡翠	6.5～7	
瑪瑙	6.5～7	
橄欖石	6.5～7	
正長石	6	○
綠松石	6	
蛋白石	5.5	
磷灰石	5	○
螢石	4	○
珍珠	3.5	
珊瑚	3.5	
方解石	3	○
琥珀	2.5	
石膏	2	○
滑石	1	○

※ 另外還有所謂的「修正莫氏硬度」，將礦物硬度分成了 15 個等級。

日本獨有的單位
尺、貫、匁（文目）、分、厘、斤

　　日本在實行《計量法》之前，不管是長度單位還是重量單位，都是使用「尺貫法」[*]。尺貫法發祥於古中國，廣泛用於東亞一帶。因為是用**尺**做為長度的基本單位，用**貫**做為重量的基本單位，故名為尺貫法。

　　貫除了是重量單位，也是貨幣的單位。做為貨幣單位時稱為「貫文」，做為重量（質量）單位時則稱為「貫目^{**}」，以做出區別。

　　尺貫法中，除了貫，還有**匁（文目）**、**分**、**厘**、**斤**等單位可用來表示重量，這些單位之間的關係如右頁所示。隨著計量對象的不同，斤還可分成大和目、大目、白目、山目等種類。明治時期規定 1 斤＝ 16 兩＝ 160 匁＝ 600 g，當時的人們便以這個為標準。

　　到了現在，「斤」在日本仍被當做吐司的單位，但顯然這裡的 1 斤並不是 600 g。依《不當景品類與不當表示防止法》，各相關業者聯合制定了「公正競爭規約」，規定市販吐司的 1 斤需在「340 g 以上」。包括專門的麵包店在內，一斤吐司通常在 400 ～ 450 g 之間。

　　但不管怎麼計算，這個數字都和原本的斤有很大的差異。事實上，過去稱重進口商品時，是以「英斤」──也就是磅（lb）為單位。而 1 lb ＝ 453.6 g，與 120 匁（450 g）相當接近，麵包業便以此為標準稱重吐司重量，故日本的吐司才會用「斤」做為重量單位。

---

* 古中國使用「斤」而不使用「貫」，故正確來說，泛指通用於東亞的度量衡時，應稱為「尺斤法」比較正確；只有在專門指日本固有單位時，才能稱為尺貫法。
** 意為「1 貫的重量」。

➔ 尺貫法中的重量

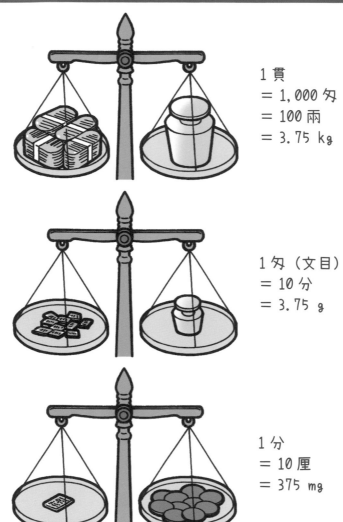

1 貫
= 1,000 匁
= 100 兩
= 3.75 kg

1 匁（文目）
= 10 分
= 3.75 g

1 分
= 10 厘
= 375 mg

以體重的「1/10」做為標準的單位

lb、deben、qedet、ounce（oz）

第 3 章中提到，各種運動中所使用的單位大都源自於該運動的發源地，不過也有例外。一般認為，保齡球這項運動發源自古埃及 *，不過標示保齡球重量時，使用的卻是英制單位的磅 **lb**。古埃及的重量單位為 **deben** 與 **qedet**，1 deben 為「91 g**」，qedet 則是 deben 的 1/10，而非使用 lb。

選擇保齡球的時候，常會把球拿起來，掂掂看「會不會太重或太輕？」然後選擇重量適中的球。一般來說，重量為體重 1/10 的球是最適當的選擇。

不過應該很少有日本人知道自己的體重是幾磅。1 lb 為 453.59237 g***。保齡球的重量通常是以磅為單位，所以體重 70 kg 的人，應該要使用 15 lb 或 16 lb 的球。但對作者（伊藤）來說，這個重量似乎有點太重了。該不會是我太胖了吧……。

先不管這個，比 lb 還小一級的重量單位是盎司 **ounce(s)**，常簡稱為 **oz**。拳擊手套的重量與香水的重量常用 oz 來表示。1 oz 為 28.3495231 g，16 oz 為 1 lb。在第 46 頁中曾提到，英吋與英呎之間為十二進位，不過 lb 與 oz 之間卻是十六進位。另一方面，國際單位制（SI）的公尺 / 公斤皆為十進位。相較之下，英制在使用上顯得不太方便。不過對於美國等以英制為主流的國家來說，比起十進位的方便性，他們似乎比較喜歡用 1/2、1/4 等分數來表示各種量。

---

* 日本的保齡球發源地為現在日本長崎縣長崎市松之枝町。

** 也有人說是 90 g 或 93.3 g，但因為這個單位現在已經沒有人在使用，所以只要當成是「約 90 g 左右」即可。

*** 這是最常使用的「avoirdupois pound（常衡磅）/ international pound（國際磅）」，另外還有「金衡磅」「藥衡磅」「公制磅」等，每種磅的數字都略有差異。

➡ 我們身邊的 lb（磅）與 oz（盎司）

體重

$45 \sim 46$ kg

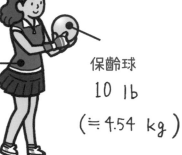

保齡球

10 lb

（≒ 4.54 kg）

拳擊手套
依比賽規定，職業拳擊手需使
用 8 oz 或 10 oz 的手套。

香水（濃度 15 ～ 20%）
日本規定，攜帶 2 oz（約 56.7 g）
以上的香水回國需課稅。

極輕物體的稱重單位
gr

　　近年來，常可在日本的報章媒體看到有人會用「mega」「giga」「tera」等前綴詞來表示非常大的事物，用「nano」等前綴詞來表示非常小的事物。例如在推出新的漢堡、丼飯時，會用前者來表示份量很多；而描述能控制極小物質的技術時，則會用「nano technology（奈米科技）*」來表示。這裡的「mega」「nano」等詞，正是第 185 頁中提到的單位前綴詞。一般在強調物質大小的時候，也會用到這些詞。

　　想要描述非常輕的重量時，會使用毫克 mg、微克 μg、奈克 ng、皮克 pg 等單位。在英制中，則會使用格林 **gr** 這個單位。喜歡喝酒的人聽到這個單位以後，可能會聯想到威士忌。某些威士忌是用麥芽以外的穀物為主原料釀造而成，這些威士忌就稱為「Grain whisky（穀物威士忌）」，這裡的 grain 與格林的 gr 有相同的語源。原本古美索不達米亞地區的人們，就會用大麥麥穗中央的種子重量做為重量的標準。1 gr 為 0.06479891 g（64.79891 mg），是非常輕的重量單位。

　　從前稱重錠劑等藥物常會使用 gr 這個單位，現在則多用於稱重子彈、火藥的質量。另外，過去在稱重珍珠、鑽石質量時，曾使用過「公制格林 metric grain」「珍珠格林 pearl grain」等單位。現在則會用「克拉 carat」做為鑽石的質量單位，用「匁」做為珍珠的質量單位。匁之所以能成為世界共通的珍珠質量單位，是因為 1893 年第一個成功養殖出珍珠的是日本人——御木本幸吉，當時他就是用匁做為稱重的單位。

* 有時會簡稱為「nanotech」。1974 年，前東京理科大學教授谷口紀男提出並推廣了這個字的使用。

➡ 1 gr（格林）＝ 1 顆大麥種子的重量≒ 64.8 mg（毫克）

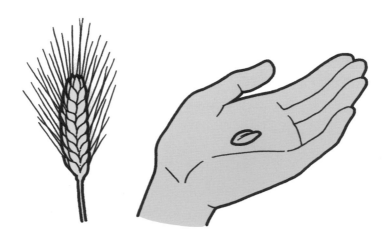

➡ 珍珠的重量（質量）單位為匁

「匁」英文寫做「momme」，發音為 /momi/。

「靈魂」的重量是 3/4 盎司？

科學家常會有一般人想不到的瘋狂點子。美國麻薩諸塞州醫師鄧肯‧麥克杜格（Duncan MacDougall，1866 ～ 1920 年）便是其中一位。他想要測量「靈魂的重量」。他曾嘗試記錄六名患者與十五隻狗在死亡時的體重變化，結果發現，「即使排除了呼吸過程中的水分散失與汗液蒸發，人類在死亡時重量確實會產生變化，狗在死亡時卻不會有類似變化」。這篇論文發表在 1907 年的學術期刊上，且《The New York Times》大肆宣揚了這個研究，使這項研究廣為人知。而人死後的重量變化則是「3/4 oz（約 21 g）」。

質疑這項研究的科學家們提出了反駁：「剛死亡時，呼吸停止，會導致血液暫時無法冷卻，使體溫上升，促進出汗。這一瞬間出汗所排出的水分相當於 3/4 oz」。1907 年的科學家們持續爭論這項研究結果。

現代科學自然是否定了這項研究，然而「靈魂的重量」這個命題相當受到神祕學的歡迎，至今仍持續影響著以腦科學、實驗心理學為首的各領域，以至於小說、漫畫等各種虛構作品。喜歡電影的人或許會想起 2003 年上映的《靈魂的重量》（21 Grams）吧。

就像以前提出地動說的伽利略‧伽利萊一樣，說不定在二十一世紀的今天，或者是不遠的未來，真的有人能夠證明靈魂的重量就是 3/4 oz 喔。

第 5 章

描述「面積」「體積」和「角度」的單位

房地產交易中，土地、房間的大小是評斷房地產價值的重要因素。另外，稱重汽油、煤油、酒、調味料時必須很精確。本章就讓我們來看看表示面積、體積以及角度時所使用的單位吧。

農民的常識？表示面積的單位

坪、分、町（丁）、反（段）、畝、步、合、勺、ha、a

　　第 26 頁的專欄中提到，隨著《計量法》的施行，原則上需禁止使用尺
貫法。但在和樂器、日式建築、農地計算等領域中，仍因習慣而繼續使用
著尺貫法的單位。要將這些單位換算成公制會造成許多不便，故一般仍以
尺貫法表示。《計量法》施行後，不使用公制的人會被依罰則處罰，不過
1976 年時發生了「尺貫法復權運動」，於是政府便在不修正法律的情況下，
默認了尺貫法的使用，並逐漸減少處罰。

　　若用尺貫法表示面積，會隨著對象的不同而使用不同的單位。一般土
地的面積會用**坪**或**分**來表示；田地與山林的面積會用**町（丁）、反（段）、
畝、坪（步）**來表示；住宅土地與室內面積則會用**坪、合、勺**來表示。

　　具體來說，尺貫法的面積混合使用十進位法與三十進位法，如右圖所
示。雖然計算時不大方便，卻是根植於日本人生活的單位。

　　1 反又稱為「1 石」，是石高制*^{譯註} 的計量單位。計算上會將 1 反（段）
視為生產 1 石米（約為 180.39 L）所需要的田地面積，不過這只是個大概。
隨著氣候與土地肥沃程度的不同，單位面積的收穫量會不一樣。有時候 1
反（段）的土地甚至能收穫 2 石以上的米。

　　除此之外，還有一些非國際單位制（SI）的面積單位能與國際單位制
並用，彼此間可簡單換算，例如公頃 **ha**。1 ha 為 10,000 m²（平方公尺），
而 1 **a** 則是 1 ha 的 1/100，也就是 100 m²。

---

* 譯註：日本幕府時期，用來表示土地生產力的制度。石高＝（每石的預估生產量）×（土地面積）。

➡ 測量田地與山林面積時

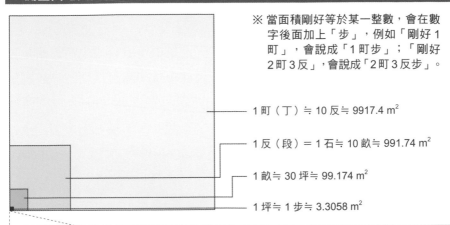

※ 當面積剛好等於某一整數，會在數字後面加上「步」，例如「剛好 1 町」，會說成「1 町步」；「剛好 2 町 3 反」，會說成「2 町 3 反步」。

1 町（丁）≒ 10 反 ≒ 9917.4 m^2

1 反（段）= 1 石 ≒ 10 畝 ≒ 991.74 m^2

1 畝 ≒ 30 坪 ≒ 99.174 m^2

1 坪 ≒ 1 步 ≒ 3.3058 m^2

➡ 測量住宅土地與室內面積時

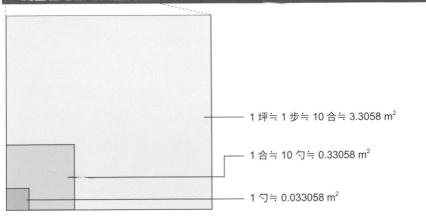

1 坪 ≒ 1 步 ≒ 10 合 ≒ 3.3058 m^2

1 合 ≒ 10 勺 ≒ 0.33058 m^2

1 勺 ≒ 0.033058 m^2

➡ 與國際單位制（SI）並用的非 SI 制單位

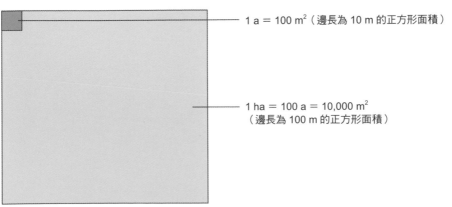

1 a = 100 m^2（邊長為 10 m 的正方形面積）

1 ha = 100 a = 10,000 m^2
（邊長為 100 m 的正方形面積）

英制單位的國家是否有些隨性？

m^2、ac

前一節中介紹了尺貫法中的面積單位。這是根植於我們生活的單位，所以能夠直覺明白到這些單位有多大，但這些單位卻缺乏泛用性，故還是需要養成使用習慣，才能熟練運用這些單位。

若改使用國際單位制（SI）的 m^2（平方公尺），可顯示出這個面積相當於「邊長為○ m 的正方形面積」，計算起來容易許多，也方便用於第 1 章中所提到的導出單位。

第 3 章中曾提到英制的長度單位，而英制的面積單位則以英畝 **ac** 為主。1 ac 等於邊長為 208.71 英呎之正方形的面積，約為 0.4 公頃。對於平常已習慣以國際單位制（SI）的 m^2（平方公尺）做為面積單位的人來說，一時之間應該很難想像第 46 ～ 49 頁介紹的英制單位有多大。

原本 ac 這個單位的定義是「一個人操控兩頭公牛拉的犁 *，在一天內可耕作的面積」，可說是「相當隨性的單位」。就像其他英制單位一樣，英國和美國對於英畝 ac 的定義也稍有不同，而且美國又把英畝分成「國際英畝（International acre）」與「美國測量用英畝（US survey acre）」。看來對日本人來說，英畝應該是個相當難用的單位。

聽過 ac 這個單位之後，想必各位應該都能理解，國際單位制（SI）是非常合理且計算相當方便的單位制度。作者（伊藤）卻覺得，和英制相比，尺貫法還比較容易理解……大概因為我是日本人吧。

* 詳情請參考第 36 頁。

➡ ac（英畝）的面積定義

英畝
- 1 ac 原本的定義為，一個人操控兩頭公牛拉的犁，在一天內可耕作的面積。

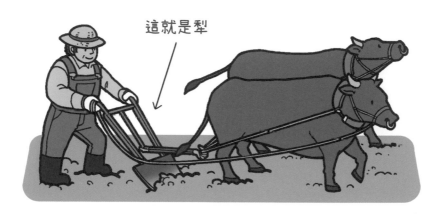

這就是犁

- 美國土地規劃中的一個區塊

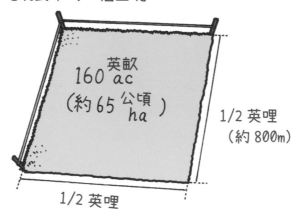

英畝
160 ac
（約 65 公頃 ha）

1/2 英哩
（約 800m）

1/2 英哩

1862 年制定的《公地放領法》（*Homestead Acts*, 或稱《份地法》）中規定了一個區塊的面積，如上所示。這個法案規定，滿足一定條件的公民可無償獲得一塊美國西部的未開發土地。本法案一直執行至 1988 年 5 月，而後被廢止。

大家關心汽油的價格，卻不怎麼關心原油的單位

barrel、gallon、L

對於缺乏天然資源、能源需靠進口的國家來說，原油價格會大大影響到產業與經濟。報紙和電視新聞中常會提到，原油的單位為桶 **barrel**，語源為「（用以貯藏酒的）桶」。應該不難猜到，barrel 這個單位常用來計算較大的液體容量。然而，因為日常生活中很少用到這種英制單位，所以比較難想像 1 barrel 是多少。如果用在計算「石油」體積，1 barrel 等於 42 U.S. fluid gallon（美國液加侖）[*]，相當於國際單位制（SI）中的 159 L。之所以要特別說是「石油用」，是因為不管是「桶」還是「加侖」，都會隨著使用目的的不同而有不一樣的標準。換算成國際單位制（SI），1 加侖約在 3.5 ～ 4.5 L 的範圍內。最大容量和最小容量之間居然差了 1 L，範圍可說是相當的廣。

原本英制中的 **gallon**（加侖）在英國就會因為地區與測量對象的不同而有不一樣的標準。在十九世紀左右曾經整合到只剩下三種。而美國承襲了這些標準，又創造出了新的標準，直到現在仍持續使用，這就是為什麼會有那麼多種加侖。

在商業交易中，多種單位並用會有許多不便之處，但如果長時間「處於這種模式」，或許就不會覺得有任何不便了。

再舉個例子做為參考，日本國內一瓶容量為 1 **L** 的飲料，在沖繩販賣時一瓶卻是 946 mL[**]。這個容量相當於 1/4 加侖，又稱為「夸脫 quart gallon」。

---

[*] 一般説的「美加侖（U.S. gal/USG）」，就是指這個單位。
[**] 從一位故鄉在沖繩的人聽來的故事。或許是因為沖繩從二戰戰後到 1972 年，都在美軍的控制之下，進而受到了影響。

➡ barrel（桶）與 gallon（加侖）的關係

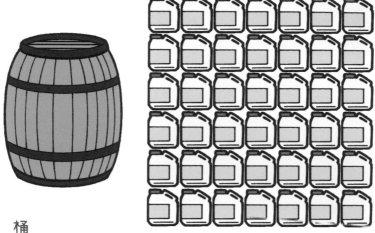

桶
1 barrel = 42 美液加侖（約 159 L）
（石油用）

➡ 各種加侖

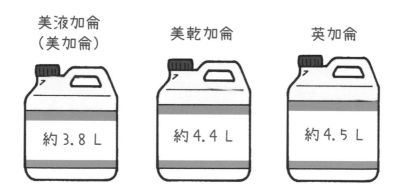

美液加侖
（美加侖）
約 3.8 L

美乾加侖
約 4.4 L

英加侖
約 4.5 L

此外還有「葡萄酒加侖」「麥芽酒加侖」「穀物加侖」等。每種加侖的數字都不大一樣，英國與美國的定義也不盡相同，現在已很少使用這些單位。

和食所用的單位
升、合、勺、斗、石

近年來，日本酒與醬油多是以盒裝或寶特瓶裝的形式販賣。不過，過去人們是用瓶子盛裝這些液體。現在日本也可看到所謂的 1 升瓶和 4 合瓶。如名所示，這些容器的容量分別為 1 升（1.8039 L）與 4 合（0.72156 L）。

這些是尺貫法中的體積單位，卻是日本獨特的單位。同樣使用尺貫法的東亞各國，並沒有這樣的單位。

尺貫法中的體積單位有很多種，就和第 78 頁中的面積單位一樣。不過這些體積單位都是用十進位法轉換，使用上比面積單位方便許多。

1 合相當於居酒屋所使用的酒枡容量，應該不難想像這個量是多少。1 合等於 10 勺，而 1 升為 10 個酒枡的量，1 斗則是 10 個 1 升瓶的量。業務用的溶劑或清潔劑常用金屬桶盛裝，這種金屬桶又稱為 1 斗桶，差不多就是這個量。如果是四十歲以上的日本人，只要說是表演團體漂流者（Drift）在短劇中使用的「那個」，應該就知道是什麼了（金屬臉盆的另一個道具）。

不過，因為聚乙烯塑膠桶的重量較輕、取用方便，故目前多是以聚乙烯塑膠桶做為搬運或存放煤油時使用的容器，這種容器的容量剛好是 1 斗。另外，煤油用的塑膠桶為了防止內容物因紫外線照射而劣化，故會在表面塗上不透明顏料，東日本會塗成紅色，西日本則主要塗成藍色。

10 斗為 1 石。1 石米約為一個大人在一年內的消耗量。1 合米約為一餐的分量（一碗飯的量），簡單計算後可以得知，1 石米約可讓一個人吃十個月。但除了米，人們還會吃麥、小米、稗等穀物，故一個人一年消耗的米量大致上就是 1 石。

➜ 尺貫法的體積單位

$1 石 = 10 斗 ≒ 180.39 L$

$1 斗 = 10 升 ≒ 18.039 L$

$1 升 = 10 合 ≒ 1.8039 L$

$1 合 = 10 勺 ≒ 0.18039 L$

你的汽車排氣量是多少？

cc、cm³、L、cu.in.

汽車可以依型態分成轎跑車、旅行車、轎車，也可以依用途分成自用車、商用車。不過，最標準的分類方式應該是依照「排氣量」來分類，因為這也是課稅的標準。

這裡的排氣量指的是「引擎可以吸入多少空氣（混合氣體）」，即引擎的容量。由這個定義看來，與其說是「排氣量」，說是「吸氣量」似乎比較適當。日本國內的排氣量常使用 **cc** 為單位。但這不是 SI 制單位，依照計量法規定，在商業交易上不能使用這個單位，故在規格書上會改用 **cm³**（立方公分）來表示。原本 cc 就是「cubic centimetre」的簡稱，所以這兩個單位只是名稱不同而已，基本上還是同一個單位。

另外，我們有時候還會看到用 **L** 來表示排氣量。排氣量為 1,000 cm³（立方公分）的汽車在日本又稱為「Liter car」，這就是以 L 這個單位為標準時的稱呼。雖然 L 並不是國際單位制（SI）的單位，卻可以和 SI 並用。

和其他單位一樣，使用英制的美國汽車從以前開始就使用 **cu.in.**（立方英吋）表示排氣量。對日本人來說是個不太能馬上就輕易瞭解的單位，不過 1 英吋 = 2.54 cm，所以仍可將其換算成 cm³，與日本國產車比較。

此外，「馬力」這個單位也和汽車有關，詳情請參考第 7 章。

➜ 排氣量的單位

大型汽車引擎 5,999 cc
= 5,999 cm^3
= 約 6 L

輕型汽車引擎 659 cc
- 659 cm^3
= 約 0.66 L

吹風機的排氣量 XXX cc

姑且不說這根本不是「排氣」，這個數字沒辦法讓我們瞭解到吹風機的性能吧。

常被誤認為溫度和時間，其實是角度的單位

度、分、秒、gon、grade、gradian

聽到**度**、**分**、**秒**等單位，各位會聯想到什麼？大多數人應該會想到溫度與時間。不過，如果這三個單位寫在一起，就是表示角度的單位。小學生或國中生會用「直尺」「三角板」「量角器」來測量圖形的長度與各種性質，可以說是中小學生的三神器。其中量角器就是用來測量角度的工具。

一般的量角器會將圓 360 等分，每一個等分為 1 **度**，以此測量「角度有多大」。若需要更精密的數字，會再將 1 度 60 等分，每一等分為 1 **分**；再將 1 分 60 等分，每一等分為 1 **秒**。和時間一樣是六十進位*。取「degree」「minute」「second」的第一個字母，可以將其簡稱為「DMS」。這些單位可分別用不同的符號表示，度是「°」、分是「′」、秒是「″」，和時間一樣。

一般來說，我們很少會用到角分和角秒，而是會用「〇度」的方式來表示角度。但令人意外的是，度並不是國際單位制（SI）的單位，而是 SI 並用單位**。用來表示角度的 SI 單位將在下一節中說明。

說到「量角器」，一般應該會想到可以量到180°的「半圓形量角器」，不過其實還有另一種可以量到360°的「圓形量角器」。只是，就連作者（伊藤）都沒有實際看過這種量角器。

---

* 另外還有以十進位法來表示角度的非 SI 單位——岡 **gon**。1 gon 為直角（90 度）的百分之一（0.9 度）。擁有類似概念的單位還包括表示「傾斜度」或「坡度」的 **grade** 與 **gradian**。
** 能與 SI 單位並用的單位。

➡ 各種測定角度的工具

最常見的
「半圓形量角器」

製圖等專業
領域中使用的
「圓形量角器」

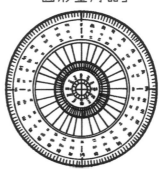

於測量地形等
專業用途時使用的
「經緯儀」

便於繪製
圓餅圖的
「比例量角器」

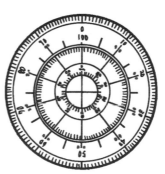

※ 經緯儀又稱為 Transit。

切蛋糕用的單位

rad、sr、台、切（piece）、吋、條

若要精確平分生日蛋糕這種圓柱形物體，需使用 **rad** 這個單位。這是以 m 為標準建立而成的導出單位，可以用來表示平面上的角度。

對於平面上的圓來說，圓心角的大小會與對應的弧長成正比。先將一條線沿著蛋糕的圓周繞一圈，於線上標示圓周長度後取下，再將這條線依照人數分成數等分並做上記號，接著將線繞回蛋糕上，再用刀子從蛋糕的圓心切到線上標註記號的位置即可。

若要計算出相關數字，則需使用代表角度比例的 rad 這個單位。1 rad 相當於「與半徑相等之弧長所對應的圓心角」。前節中提到的角度表示法稱為「度數法」，與之相較，這種方法則稱為「弧度法」。另外，若想表示圓錐般的立體角，則會使用 **sr**（球面度）這個單位。1 sr 相當於球面上與球半徑平方相等之範圍所對應的角度。

日本分蛋糕是依照人數等分。不過據說在瑞典，是將蛋糕傳下去，讓每個人各自切下自己想要的份量，這樣聽起來似乎比較合理一些。

雖然有點突然，不過各位知道蛋糕會用什麼單位 * 來計算嗎？在日本，生日蛋糕等圓柱形狀態稱為 1 **台**，切成扇形的狀態稱為 1 **切** 或 1 **piece** **，這些是計算數量時的單位。圓柱形狀蛋糕的大小可以用 **吋** 來表示。如果是瑞士捲或磅蛋糕，通常是用 **條** 來計算數量。

---

* 正確來說，這並不是單位，而是「量詞」。
** 或者也可以用「個」。

➡ rad（弧度）與 sr（球面度）

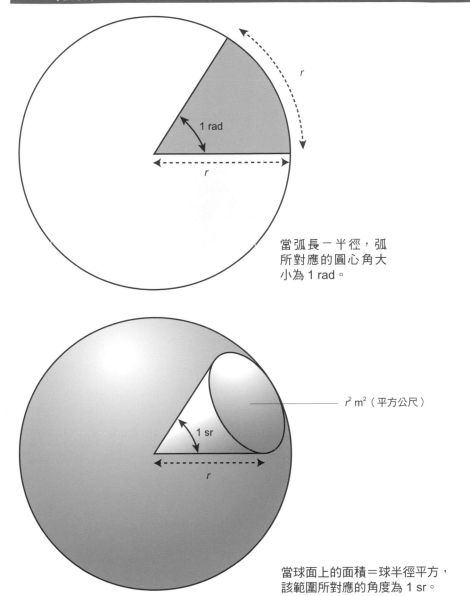

當弧長＝半徑，弧所對應的圓心角大小為 1 rad。

$r^2\,m^2$（平方公尺）

當球面上的面積＝球半徑平方，該範圍所對應的角度為 1 sr。

sr（球面度）是測量光線等「輻射束」所使用的單位。

只有日本人在用的單位——「東京巨蛋」

當日本人想要表達「非常廣」「非常大」的面積,經常會用「〇個東京巨蛋」來表示。當然,這樣的單位並不屬於國際單位制(SI)。

不過,在描述土地有多廣,或者是容量有多龐大的時候,如果僅僅說出數字,一般人還是很難想像有多大。所以,這時候就會用日本第一個巨蛋型球場,亦即所有日本人一定都知道的「東京巨蛋」[建築面積:46,755 m^2(平方公尺)、容量:約 124 萬 m^3(立方公尺)]做為單位。將東京巨蛋當做「1」,藉此描述對象物質有多廣、多龐大。

當然,不是每個人都進去過東京巨蛋。不過,只要知道東京巨蛋是一個棒球場,應該就能大致想像出它有多大了。而且因為它是巨蛋型球場,所以東京巨蛋不只能做為面積單位,也可以做為體積單位。從這點看來,東京巨蛋可以說是相當方便的單位。可惜的是,外國人大概比較難理解這個概念。

➡ **外國人可能無法理解……**

(這塊地有多大?約相當於 3 個東京巨蛋。)

第 6 章

現代最重視的「時間」和「速度」單位

日常生活中，我們沒有一天不關注時間。早上幾點起床？電車還有幾分鐘到？幾點開始工作？等等……。本章要介紹的，就是看似任其流逝卻又會隨時注意的「時間」，以及現代無時無刻都在追求的「速度」單位。

你的時間準嗎？
JST、UTC、GMT

　　你身邊的鐘表時間是正確的嗎？

　　現代是非常方便的時代，無線電時鐘與智慧型手機的時鐘，可以說是相當準確。

　　不過，在沒有無線電時鐘，也沒有智慧型手機時，該如何調整手邊的時鐘指向正確時間呢？看電視上顯示的時間嗎？還是撥打 117 報時台聽取正確時間呢？那麼，為什麼這三種時間是正確的呢？因為這些時間都是**日本標準時間（JST）**。

　　日本標準時間是相關單位依照國際間對秒的定義 *，使用「銫原子鐘」與「氫邁射頻率標準器」等儀器建構出來的。為了得到更正確的時間，他們將十八台銫原子鐘的時間平均、重組，再用「標準電波」將日本標準時間送至全國各地。電視台與電話報時服務所使用的時鐘，都是藉由接收這個標準電波與日本標準時間對時。無線電時鐘也是藉由接收這個電波對時，故會與日本標準時間相同。

　　那麼，世界各地的標準時間又是以什麼為標準的呢？答案是**世界協調時間（UTC）**。過去人們曾以**格林威治平均時間（GMT）**做為標準，而現在使用的世界協調時間（UTC），就是格林威治平均時間（GMT）人工調整後的時間。每經過 100 年，格林威治平均時間（GMT）與世界協調時間（UTC）大約會差 18 秒。

* 詳情請參考第 59 頁。

1884 年，人們首次定出了世界標準時間。當時全世界所使用的航海圖與地圖，皆是以通過英國格林威治子午線 ** 為標準，故當時便決定以格林威治的時間為世界標準時間。各國協議以格林威治為經度 0 度，往東往西各繞地球 180 度，定出地球上每條經線的位置。日本以東京 135 度為標準，比格林威治平均時間還要快 9 小時。

嚴格來說，目前的世界標準時間應為世界協調時間（UTC），但我們還是常會聽到「世界標準時間就是格林威治平均時間」的說法。不過，因為每經過 100 年只會差 18 秒，所以即使視為相同的時間也不會有太大的問題。

** 子午線指的是連接地球上的某點、北極點、南極點的直線。古中國將北方稱為子，南方稱為午，故
　稱為子午線。

➡ 世界協調時間是以閏秒的形式調整

上一次加入閏秒的時間是 2017 年 1 月 1 日

日本時間　→　8 時 59 分 59 秒

8 時 59 分 60 秒　 閏秒

9 時 00 分 00 秒

在 2017 年以前，共插入過 27 次閏秒，
每次皆插入 1 秒。

2017 年 1 月 1 日、2015 年 7 月 1 日、2012 年 7 月 1 日、
2009 年 1 月 1 日、2006 年 1 月 1 日、1999 年 1 月 1 日等

一年有 365 天又 6 小時？

儒略曆、陽曆（格里曆）、陰曆

我們常說「一年有 365 天」，但嚴格來說這並不正確。沒錯，因為有「閏年」。

原則上，計算一年有多久的時候，需站在太陽的角度看地球的公轉。假設地球繞太陽一圈後回到原來的位置，中間經過的時間就稱為一年。

西元前 46 年，尤利烏斯・凱撒（儒略・凱撒）制定的**儒略曆**便規定一年為 365 天又 6 小時，且每四年有一年為閏年。這在當時已是很正確的曆法，每經過四年，儒略曆與實際的太陽周期僅會相差 44 分鐘。

到了 1582 年，**格里曆**完成，其閏年的計算方式一直沿用至今。現在的閏年規則為「可以被 4 整除的年份為一年 366 天；但可以被 100 整除的年份則改為 365 天；不過可以被 400 整除的年份例外，仍為 366 天 *」這樣下來，平均一年為 365.2422 日（365 天又約 5.8128 小時）。

至於每個月的天數，從西元前 8 年起到現在一直都相同。一月、三月、五月、七月、八月、十月、十二月有 31 天；四月、六月、九月、十一月有 30 天；二月在平年時有 28 天，閏年時有 29 天。

日本於 1872 年廢除了過去一直使用的**陰曆**，改用**陽曆**（格里曆）。過去曾在日本使用超過千年的陰曆，是以月亮盈缺為標準定出每個月份，從月亮的盈缺就可以看出今天大概是一個月的第幾天，相當方便。但隨著時間的經過，十二個月的長度與一年的長度之間的落差會越來越大，故每經過兩、三年需加入一個閏月。一年內居然會整整多出一個月份，還真是隨性的曆法呢。

---

* 這裡說的「年」，指的是西元年。

➡ 儒略曆是從中午開始

比眨眼還要短的瞬間

ms、μs、ns

　　國際單位制（SI）中的「秒」可說是所有時間的標準。如各位所知，60 秒為 1 分、60 分為 1 小時、24 小時為一天。

　　反過來看，自然也有比 1 秒還要短的時間單位。電腦已是日常生活中不可或缺的工具，電腦能以人類無法想像的速度，在極短時間內完成許多工作。例如，硬碟中用以讀取資料的裝置──「讀寫頭」的移動時間便是以「**ms**（毫秒）」為單位。1 ms（毫秒）為 1 秒的千分之一，可見 ms 是多麼短的時間！更讓人驚訝的是，電腦內的某些部分會用更快的速度處理工作，處理時間需以 1 ms（毫秒）的千分之一，**μs**（微秒）為單位；有的甚至還需以 μs 的千分之一，**ns**（奈秒）為單位。實在很難想像這麼短的時間是什麼樣的概念。

　　人類的工作速度自然不可能追得上電腦，不過其實在運動的世界中，很常用到千分之一秒的概念。例如冬季運動中的競速滑冰，其時間紀錄就是以百分之一秒為單位。而無舵雪橇（Luge）和有舵雪橇（Bobsleigh）等競技運動的最高時速可達 120 km 以上，故測量時間時需以千分之一秒，也就是以毫秒為單位。據說有舵雪橇的最高時速可達 130 ～ 140 km，故又被稱為「冰上 F1」。

　　而做為動力運動競技代表的 F1 賽車，自然也是以千分之一秒為單位測量時間。F1 的速度快到無法用照片判斷通過終點的時間，那該怎麼計算花費時間呢？事實上，賽車內都會裝設名為「轉發器（Transponder）」的裝置。在轉發器通過測量線的瞬間，機器就會記錄經過時間。在 1997 年的歐洲大獎賽預賽中，第一名到第三名的花費時間相差不到千分之一秒。以那麼快的速度奔馳，最後卻差不到千分之一秒，實在讓人難以置信。既然能測到千分之一秒的儀器還不夠精密，那麼未來是否會出現能測量更短時間的儀器呢？到了那時，儀器可測得的最小單位時間，對人類來說，應該就更虛無飄渺了吧。

➡ 眨眼的瞬間

F1 史上最快的速度為 372.6 km/h，在眨點的
瞬間（300 ms），賽車就前進了 31 m 以上的
距離囉！

大概等於十層樓高？！

真正在看比賽的時候應
該是不會眨眼啦。

脫離地球重力，飛向宇宙的速度？

km/h、節、海浬

第 1 章中提到了速度等於「距離 ÷ 時間」的算式，速度的單位也來自這個等式。當我們說某物質的時速為○○公里，表示這個物質在 1 小時內可以前進○○ km，速度的單位為 **km/h**（公里每小時）。

人造衛星在太空中繞著地球高速公轉。高度為 200 km 的人造衛星會以每秒 7.9 km 的速度飛行。以這個速度飛行，只要一小時半就能夠繞地球一周，這個速度又稱為「第一宇宙速度」。向日葵等日本氣象衛星屬於靜止衛星，從地球看上去時靜止在一點上，也就是說，靜止衛星的運動速度與地球自轉速度相同。地球自轉一周需要 23 小時 56 分 4 秒，故靜止衛星需以每秒約 3.08 km 的速度繞著地球轉。只有當人造衛星位於赤道上方 35,786 km 高的地方，才能做到這點。因為高度很高，所以即使速度較慢，也可以和地球的重力達成平衡，進而保持在同一點上。

那麼，如果不希望停留在軌道上，而是要飛向宇宙，需要多快的速度才行呢？若想擺脫地球的重力，必需達到每秒 11.2 km 的速度，這又稱為「第二宇宙速度」。若想飛出太陽系，則需要每秒 16.7 km 的速度，這又稱為「第三宇宙速度」。

再把焦點轉回地球，來看一些比較慢的速度吧。測量陸地交通工具的速度，常會用前面提過的 km/h（公里每小時）做為速度單位。不過船隻的速度單位則較常使用**節**。1 節（node）代表船隻在一小時內前進了 1 **海浬**（1.852 km），相當於時速 1.852 km，非常地慢。節源自於英文的「knot」，是「結、瘤」的意思。過去人們會將一條每隔一定長度就綁一個結的繩子綁在船上，以測量船的前進速度。這就是「節」這個單位的由來。

➡ 比較各種探測器與太空站的速度

發射年份	名稱	速度
1957 年	史普尼克 1 號 人類第一個人造衛星（前蘇聯）	8 km/s（平均）
1973 年	太空實驗室（Skylab） 太空站（NASA）	7.77 km/s（軌道）
1977 年	航海家 1 號 無人太空探測器（NASA）	62,140 km/h（最快） 17.0 km/s（平均）
1977 年	航海家 2 號 無人太空探測器（NASA）	57,890 km/h（最快） 15.4 km/s（平均）
1986 年	和平號 太空站（前蘇聯）	27,700 km/h（最快） 7.69 km/s（軌道）
1989 年	伽利略號 木星探測器（NASA）	173,800 km/h（最快） 48 km/s（軌道）
2003 年	隼鳥號 小行星探測器（ISAS（今 JAXA））	30 km/s（平均）
2011 年	朱諾號 木星探測器（NASA）	265,000 km/h（最快） 0.17 km/s（軌道）
2011 年 ※	國際太空站 太空站（共十五國）	27,600 km/h（最快） 7.66 km/s（軌道）

※1999 年起，開始於太空中組裝，至 2011 年時組裝完成。

旋轉數可以告訴我們什麼？

rpm、rps

旋轉數（旋轉速度）是與時間和速度有關的單位，可表示物質在一段時間內旋轉的次數。每分鐘的旋轉數稱為 **rpm**（Revolution Per Minute），每秒的旋轉數稱為 **rps**（Revolutions Per Second）。電腦硬碟與汽車引擎的旋轉數一般會用 rpm 來表示。

汽車與機車的轉速表稱為「tachometer」，駕駛人可由此知道引擎的旋轉速度。「tachometer」這個名字源自希臘語的「takhos」，意為「速度」。汽車發明時，上面並沒有轉速表，駕駛人必須憑自己的直覺來控制速度。近年來，某些汽車上並沒有裝設轉速表，這是不是表示駕駛人不用管引擎轉速有多快，全部交給汽車自動處理就好了呢？

而在運動的世界中，數據解析可以說是理所當然的事。例如在棒球的世界中，人們熱衷於分析打擊率、安打數、上壘率等數據，我們也可以直接在電視上看到投手投出每一顆球的球速是多少。

美國大聯盟從 2015 年起開始使用「Statcast」系統，可以在瞬間記錄各種數據，包括打者的揮棒速度、打擊角度、打擊方向，投手的球速、球離開手時的位置、球的旋轉數等。而且，所有人都可以看得到這些資料的三維影像。

順帶一提，投手投出的球種有相當多種，但球的旋轉速度越高不一定越好，有的時候反而會刻意降低旋轉速度。

那麼，投手投出來的球，轉速究竟有多快呢？根據 2016 年的大聯盟資料顯示，轉速最快的曲球為 3,498 rpm。曲球平均轉速則約為 2,473 rpm。1 分鐘旋轉 3,498 圈，相當於 1 秒轉 58.3 圈。這個數字還真是讓人難以想像。

➡ 非接觸式轉速計可測量旋轉數

中世紀的時鐘只有一根指針

　　日晷是最原始的時鐘，大概在西元前 3000 年以前，就有人在使用日晷了。在這之後陸續出現水鐘、沙漏以及藉由燃燒某些東西來計時的工具（火繩時鐘、蠟燭鐘、油燈鐘、線香鐘）。十三世紀末，歐洲製造出了機械性時鐘，時鐘盤面上有旋轉的指針，且盤面將一天二十四等分，讓指針於不同時間時指向盤面上的對應位置。不過，這時候的時鐘只有一根針，相當於現代時鐘的短針。而且，這樣的時鐘也不是每個地方都有，只有特定教堂的鐘塔設有這樣的時鐘。當時的人們比較不像現代人這樣分秒必爭，也沒有必要隨時知道正確的時間。鐘塔每天會敲鐘告知禮拜的時間，一般人只有在聽到鐘聲響起，才知道當時的時間為何。

　　1500 年左右，德國的彼得・亨林（Peter Henlein）發明了發條鐘。過去的機械式時鐘都是藉由重物擺動驅動指針轉動，由於裝有重物，不可能隨身帶著走。直到發條鐘出現，人們才能製作出小型時鐘。

　　順帶一提，時鐘指針之所以會定為往右轉，是為了與北半球的日晷陰影移動方向相同。

➡ 日晷

第7章

與「能量」有關的單位

能量是生活在這個世界上的我們
不可或缺的東西。本章中將介紹
功、熱量、風速等和能量有關的
各種單位。

發明蒸汽機的是瓦特嗎？

kw、W、J

　　閱讀汽車與機車的型錄，可以在最大馬力（最大輸出功率）的欄位上看到「353 kW（480 PS）/ 6,400 rpm」之類的標示。「353 kW」中的 **kW**（千瓦）是功率單位（353 kW 就是 353,000 W 的意思）。

　　看到 **W**（瓦），可能會讓你想到「這不是電力的單位嗎？」其實電力指的就是「電的功率」，只要是功率，就能用 W 做為單位。若在 1 秒內做 1 J*（焦耳）的功，功率就是 1 W。依此類推，在 1 秒內可以做多少功，就是多少 W。

　　W 是後來的人給能量賦予的單位。瓦（瓦特）這個單位就是源自於發明蒸汽機的詹姆斯·瓦特，知道這件事的人應該不少吧？

　　事實上，發明蒸汽機的並不是瓦特。人類從很久以前就有在使用蒸汽機，甚至在瓦特之前，就已有許多人改良過蒸汽機，使其能用於產業。不過當時的蒸汽機效率非常差，運轉時需要燃燒大量煤炭驅動**。瓦特花了二十年左右改良蒸汽機，只要燃燒原本煤炭量的三分之一，就能夠做等量的功，可說是劃時代的一步。

　　另外，過去的蒸汽機是用活塞的來回運動做功，瓦特將其運動機制轉變成旋轉運動，大幅改善了效率，使蒸汽機能夠應用在各式各樣的領域上，所以大家才會說「瓦特發明了蒸汽機」。其實應該是「瓦特發明了實用化的蒸汽機」才對。為了紀念他的功蹟，人們便以瓦特 W 做為功率的單位。

---

* 關於 1 J（焦耳）的大小，請參考第 110 頁說明。
** 當時煤礦礦坑中的排水用蒸汽機，需消耗煤炭開採量的三分之一。

➡ 瓦特的各種發明

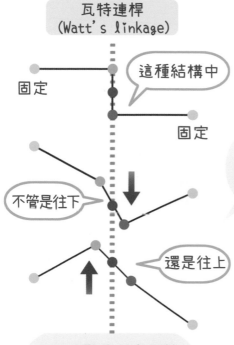

瓦特連桿
(Watt's linkage)

固定

這種結構中

固定

不管是往下

還是往上

中央的點 ● 都會保持
垂直運動

這種結構不只用
於瓦特的蒸汽機,
之後出現的汽車
懸吊系統也有用
到這種結構。

複印機

將容易吸墨的紙與
原稿疊在一起, 將
原稿上的字印過去。

桌上型測微器

旋轉儀器上的螺
絲, 可測量微小
的長度。

馬力 (單位)

下頁就會登
場囉。

英國的馬特別有力嗎？

馬力、ft-lb、HP、PS

　　如果你喜歡開車或騎車，對**馬力**這個單位應該不陌生。就算你不是，應該也曾在某些地方＊看到這個字。在日本，我們會用馬力來表示汽車或機車的輸出功率。雖然自 1999 年起，日本一律改用國際單位制（SI）的 W 來標示輸出功率，但仍允許車商同時標示出馬力的數字。第 106 頁中有提到一個汽車最大馬力（最大輸出功率）的例子，其中的第二個數字「480 PS」就是用馬力來表示功率。

　　1 馬力究竟有多強呢？1 馬力指的是「在 1 秒內將 75 kg 重的物質垂直往上提 1 m 所需要的功率」。大概就是在 1 秒內將 75 kg 的槓鈴舉起 1 m 的感覺，這對一般人來說應該不大容易吧，但馬就做得到。

　　那麼，為什麼會用馬的力氣當做單位呢？第一個提出馬力這個單位的人，就是前節介紹的詹姆斯・瓦特。他為了向別人說明自己發明的蒸汽機功率有多大，便用當時最常見的動力來源──馬做為比較標準。既然要做為標準，瓦特就必須先知道馬的力氣（輸出功率）有多大。於是，瓦特由測量結果定出：1 馬力＝每分鐘 33,000 **ft-lb** ＝每秒 550 ft-lb。以英制單位定義的馬力寫做 **HP**＊＊，後來人們也用公制單位定義了公制馬力，寫做 **PS**＊＊＊。若將 HP 與 PS 換算成 W，可以得到 1 HP 約為 745.7 W，1 PS 則約為 735.5 W，兩者有些微差距。為什麼兩者間存在些微差距呢？當我們將 550 ft-lb/s（英呎一磅每秒）轉換成公制，約可得到 76.040225 kgw m/s＊譯註（公斤重每秒）。據說是因為這個數字太醜，所以改成了 75 kgw m/s。也就是說，HP 比 PS 大並不是因為英國的馬特別有力。日本使用的是公制，所以一般來說會以 PS 做為馬力的單位。

＊ 例如在《原子小金剛》的主題曲中。

＊＊「Horse Power」的簡稱。

＊＊＊「Pferde Stärke」的簡稱。德語「Pferde」是馬的意思，「Stärke」是力的意思。

＊ 譯註：日本寫做 kgf m/s，不過臺灣不常寫成 kgf，而是寫成 kgw。

不過馬力並不代表
汽車的整體性能喔。

➡ 來看看各種汽車的馬力吧

	車種名稱	概要	最大馬力
載人用	日產「GT-R LM NISMO」	賽車	600PS
	本田「NSX」 第二代 NC1 型	跑車	507PS
	Lexus「LC」	豐田汽車高級款	477PS
載貨物用	五十鈴「Giga」 搭載 6UZ1-TCS 之貨車	20 噸級大型貨車	380PS
	三菱 Fuso「Super Great」 搭載 6R20（T3）之貨車	10 噸級大型貨車	428PS
農業用	野馬「YT5113」	外觀設計很具話題性的 輪式曳引機※	113PS
	久保田「CENEST」 M135GE	符合第四回排氣規定的 輪式曳引機※	135PS
	井關「BIG-T7726」	搭載大排氣量引擎的 輪式曳引機※	258.5PS
機車	川崎「Ninja H2」	賽車用的重型機車	205PS
	山葉「YZF-R1」 2015 模組	極限運動用的重型機車	200PS
	鈴木「GSX-R1000R」	極限運動用的重型機車	197PS

※ 以輪胎前進的曳引機。為了與履帶式曳引機做出區別，稱其為輪式曳引機。

焦耳是個很勤奮的人嗎？

J、N、erg

　　國際單位制（SI）中，功（能量）的單位為焦耳 **J**。1 J 等於「以 1 N 的力將物質移動 1 m 所需做的功」。但這樣的解釋常會得到「……所以這到底是多少能量啊？」「聽不太懂耶……」之類的回應。那麼接下來就來看個例子吧。

　　假設有一顆小蘋果，重量比 100 g 多一些 *。想像我們將這顆蘋果往上舉 1 m，這時我們給予這個蘋果的能量就是 1 J。第 106 頁中曾提到，「在 1 秒內做 1 J 的功，功率就是 1 W」，這表示，如果我們在 1 秒內將蘋果往上舉 1 m，功率就是 1 W。順帶一提，我們平常用的三號電池，一顆有約 1 kJ 的能量。

　　焦耳 J 與瓦特 W 一樣，是源自人名的單位名稱。定義 1 J 時需要用到牛頓 N，而 N 也是源自人名的單位名稱。它們的關係如下：

$$1 \text{ J} = 1 \text{ N} \cdot \text{m} = 1 \text{ kg} \cdot \text{m}^2/\text{s}^2$$

　　單位「kg・m²/s²」很長，寫起來很不方便。於是，後人便以詹姆斯・普雷斯科特・焦耳的名字命名這個單位。他是研究電、熱、燃燒熱，以焦耳定律著名的英國物理學家。至於牛頓的故事則會在第 10 章中登場。

　　除了 J，還有一個能量單位是爾格 **erg**。這個單位是非 SI（國際單位制）的單位，1 erg 為千萬分之一 J。

---

* 較精確的數字為 102 g（克）。

➡ 什麼是焦耳熱？

電流流過有電阻的導體時產生的熱，就稱為焦耳熱。

導體指的就是金屬等電流容易通過的物質喔。

例如⋯

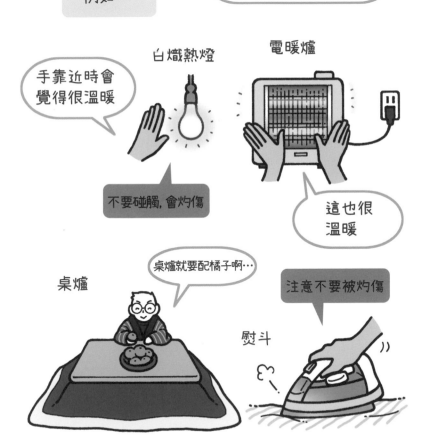

白熾熱燈

電暖爐

手靠近時會覺得很溫暖

不要碰觸，會灼傷

這也很溫暖

桌爐

桌爐就要配橘子啊⋯

熨斗

注意不要被灼傷

糧食自給率的計算用卡路里

cal、kcal

食品包裝盒上，或是餐廳的菜單上，可以看到食物的卡路里標示。應該有不少人很在意這些數字吧。事實上，世界各國都在呼籲應該要極力避免使用 **cal** 這個單位。

日本的《計量法》規定，自1999年10月起，cal僅能在特定領域內使用。1 cal是1 g水上升1℃時需要的熱量。然而國際單位制（SI）的熱量單位為J，故各相關單位皆呼籲要改用J。嚴格來說，不同溫度的水，上升1℃時需要的熱量也不一樣，卡路里較精確的定義為1 g水從14.5℃上升到15.5℃時需要的熱量，而標準的1 cal會等於4.1850 J。

另外，各位有聽說過「日本的糧食自給率正在逐年下降」之類的話題嗎？為什麼要提到這件事呢？因為糧食自給率就是用卡路里來計算的。糧食自給率等於一個人一天從國產食物中攝取的熱量，除以一個人一天攝取的總熱量。例如，2016年，一個人一天從國產食物獲得的熱量為913 **kcal**（千卡、大卡），而一個人一天攝取的總熱量則是2,429 kcal。計算913 ÷ 2,429，可以得到日本的糧食自給率約為38%。

由日本農林水產省公布的資料可以得知，1961年，日本的糧食自給率高達78%，但之後的糧食自給率卻逐漸下降，1981年為52%，2001年為40%。再看看外國的資料，糧食自給率高的澳洲在1961年時為204%，之後略有變化，卻不像日本這樣一直往下掉。加拿大在1961年時為102%，之後陸續往上，於2011年時來到了258%，比澳洲還高。

順帶一提，還有一種糧食自給率是用食物價值來計算，也就是用國內生產的食物價值，除以國內消費的食物價值 *。例如，2016年度日本國內生產的食物價值為10.9兆日圓，日本國內消費的食物價值為16.0兆日圓，故糧食自給率為68%。

* 日本國內市場一年內生產的食物總價值，等於「國內生產額＋進口額－出口額－貯藏增加額」。

➡ 日本各都道府縣的糧食自給率

2015 年度的概略值（單位：%）

		以卡路里為標準		以食物價值為標準	
第 1 名	北海道	221	宮崎縣		287
第 2 名	秋田縣	196	鹿兒島縣		258
第 3 名	山形縣	142	青森縣		233
第 4 名	青森縣	124	北海道		212
第 5 名	岩手縣	110	岩手縣		181
⋮	⋮	⋮	⋮		⋮
第 43 名	愛知縣	12	奈良縣		22
第 44 名	埼玉縣	10	埼玉縣		21
第 45 名	神奈川縣	2	神奈川縣		13
第 46 名	大阪府	2	大阪府		5
第 47 名	東京都	1	東京都		3
	全國平均	39	全國平均		66

出處：《各都道府縣糧食自給率變化（分別以卡路里、食物價值為標準）》（日本農林水產省）

在北海道的十勝地區，糧食自給率還超過 1,200% 喔！（以卡路里為標準，2017 年資料）

產生能量的發電廠

W、Wh、kWh

電力是日常生活中不可或缺的東西之一。電力由發電廠或發電機製造，發電能力的單位是一段時間內的發電量（單位為 **W**）。例如 100 W 的發電機運轉五小時的發電量，就是 500 **Wh**（瓦小時）。根據 2014 年度資料，日本一年內各種發電方式的發電量如下：水力發電約為 870 億 **kWh**（千瓦小時）*、火力發電約為 9,550 億 kWh、風力發電約為 50 億 kWh、太陽能發電約為 38 億 kWh、地熱發電約為 26 億 kWh。2014 年沒有核能發電。

發電方式有很多種，各有其優缺點。拿水力發電來說，因為是用水下落的力量來發電，故不會排出二氧化碳，也容易調整發電量。但另一方面，水壩建設等初期成本相當高，也會有破壞環境等問題。

火力發電可以產生大量電力，發電量的調整彈性也很大，卻會排出二氧化碳。而且，日本的燃料幾乎都是進口。2010 年（日本東北大地震前一年）之前，火力發電約占日本總發電量的六成。不過地震後，政府停止了核能發電廠的運作，到了 2014 年，火力發電的發電量來到了九成。也因此，2014 年的二氧化碳排放量比 2010 年增加了 20% 之多。

核能發電可以用很少的燃料產生大量電力，發電時也不會排出二氧化碳。但就如福島核電廠事故，核能發電會產生輻射廢棄物，這些廢棄物的處理工作與安全性會是一大問題。

風力發電不會排出二氧化碳，也不需要燃料，但缺點是風力弱的時候無法發電。

太陽能發電不會排出二氧化碳，但若想製造大量電力，就需要很廣大的土地，而且在晚上和下雨天時無法發電。

不管是哪種發電方式，都有其優缺點。要是有不使用燃料、不會排出二氧化碳、安全、又能產生大量電力的發電方式就好了……。

*1 kWh（千瓦小時）= 1,000 Wh（瓦小時）。

➡ 世界各國每人的電力消耗量

2014 年，各國每人的電力消耗量（單位：kWh／人·年）

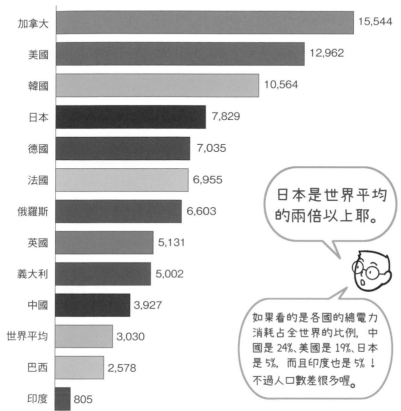

加拿大　15,544

美國　12,962

韓國　10,564

日本　7,829

德國　7,035

法國　6,955

俄羅斯　6,603

英國　5,131

義大利　5,002

中國　3,927

世界平均　3,030

巴西　2,578

印度　805

日本是世界平均的兩倍以上耶。

如果看的是各國的總電力消耗占全世界的比例，中國是 24%、美國是 19%、日本是 5%，而且印度也是 5%！不過人口數差很多喔。

一個颱風的能量等於日本五十年的耗電量？

m/s、風級

　　颱風的強度多會以「最大風速」做為標準。「風速」顧名思義就是「風的速度」，用的單位是 m/s（公尺每秒）。不過，風並不會一直保持同樣的速度，故實際測量風速時，會取風在 10 分鐘內的平均速度 *。氣象台等觀測單位的風速計會每隔 0.25 秒記錄一次測定結果，再將資料送至電腦，計算出平均值。在計算出風速平均值前的各個測定值稱為「瞬間風速」，其中的最大值稱為「最大瞬間風速」。另外，平均後數字中的最大值，則稱為「最大風速」。

　　日本將颱風的強度分為「強」「非常強」「猛烈」等三級。最大風速在 33 m/s（公尺每秒）以上、未滿 44 m/s 的颱風稱為「強颱風」；44 m/s 以上、未滿 54 m/s 的颱風稱為「非常強颱風」；54 m/s 以上的颱風稱為「猛烈颱風」* 譯註。

　　在還沒有風速計的年代，只能用目測方式測量風速。風的速度可分成十多個等級，稱為**風級**。目前使用的風級標準為「蒲福氏風級」。這是由英國的海軍少將弗朗西斯・蒲福（Rear admiral）於 1805 年時提出，再經改良後，世界氣象組織於 1964 年採納其為風力的國際標準。日本氣象廳亦採納了翻譯後的版本，將風力分成 0 ～ 12 共 13 個等級，並寫明每個風級的風速以及陸地與海上在各個風級下的狀況 **。

　　除了強度，日本還有依照颱風「大小」，將颱風分成「大型」和「超大型」兩種。「大型」是指風速在 15 m/s（公尺每秒）以上，且半徑「500 km 以上，未滿 800 km」的颱風；超大型颱風則大到快要可以覆蓋住整個日本列島。

---

* 日本計算的是 10 分鐘內的平均速度，美國則是計算 1 分鐘內的平均速度。
** 下表僅介紹「陸地上的狀況」。
* 譯註：在臺灣，最大風速大於 17.2 m/s 者稱為輕度颱風；大於 32.7 m/s 者稱為中度颱風；大於 51 m/s 者稱為強烈颱風。

順帶一提，一個大型颱風蘊含的能量，相當於日本五十年消耗的電能。要是能夠用颱風的能量來發電，不就太棒了嗎？其實，日本已投入世界上第一個颱風發電技術的開發工作囉，真希望這項技術可以早日實現。

➡ 蒲福氏風級

風級	風速※（m/s）	英文	中文*譯註	陸地上的狀況
0 級風	0 ～ 0.3	Calm	無風	煙直上。
1 級風	0.3 ～ 1.6	Light air	軟風	僅煙能表示風向，但不能轉動風標。
2 級風	1.6 ～ 3.4	Light breeze	輕風	人面感覺有風，樹葉搖動，普通之風標轉動。
3 級風	3.4 ～ 5.5	Gentle breeze	微風	樹葉及小枝搖動不息，旌旗飄展。
4 級風	5.5 ～ 8.0	Moderate breeze	和風	塵土及碎紙被風吹揚，樹之分支搖動。
5 級風	8.0 ～ 10.8	Fresh breeze	清風	有葉之小樹開始搖擺。
6 級風	10.8 ～ 13.9	Strong breeze	強風	樹之木枝搖動，電線發出呼呼嘯聲，張傘困難。
7 級風	13.9 ～ 17.2	Moderate gale	疾風	全樹搖動，逆風行走感困難。
8 級風	17.2 ～ 20.8	Fresh gale	大風	小樹枝被吹折，步行不能前進。
9 級風	20.8 ～ 24.5	Strong gale	烈風	建築物有損壞，煙囪被吹倒。
10 級風	24.5 ～ 28.5	Whole gale	狂風	樹被風拔起，建築物有相當破壞。
11 級風	28.5 ～ 32.7	Violent storm	暴風	極少見，如出現必有重大災害。
12 級風	32.7 ～	Hurricane	颶風	更為嚴重的災害。

※ 測量高於地平面 10 m（公尺）的風速。
* 譯註：中文以臺灣中央氣象局的翻譯為主。

地震能量的單位
震度、M

應該很多人都知道，表達「地震有多強」時，會用**震度**或 **M** 來表示。

震度是用來表示某個地點的地震有多大的單位，日本的「氣象廳震度分級」將震度分成 10 級 *譯註。過去人們使用體感與周圍狀況來判斷震度大小，不過從 1996 年起，相關單位開始使用「地震震度計」自動記錄觀測結果。目前日本全國約 600 個地點都設置了地震觀測站，使得日本全國的地震速報比以前要快上許多。

震度可用來表示某個地點的搖晃大小，而由美國地震學家查爾斯·法蘭西斯·芮克特（Charles Francis Richter）提出的「**M**（magnitude）」，則可表示地震的規模。地震發生時，震度計上的針會開始擺動，而距離震源 100 km 處的震度計，最大的擺動幅度經計算後便可得到「*M*」。也就是說，「*M*」不是指單純的擺動幅度。為了可以用較少的位數來記錄較大的地震，芮克特花了一番功夫來定義「*M*」。「*M*」每增加 1，所表示的地震能量就增為 32 倍；「*M*」增加 2，地震能量就增為 32 倍的 32 倍，約為 1000 倍。

一般使用的「*M*」，沒辦法表示 8.5 以上的地震，此時便需要使用所謂的「地震矩規模」。計算「地震矩規模」時，需參考震源周圍的斷層錯動量、面積、斷層附近的岩層性質。不過，相關人員必須長時間觀測地震波，才能得到地震矩規模，故地震矩規模無法運用在地震速報上。然而，不管地震規模有多大，都可以用地震矩規模來表示，在描述大規模地震的強度時相當有用。

* 譯註：臺灣的震度分級與日本相同。

➡ 震度與 *M* 的差別

> 距離震源越遠，震度越小。隨著震源深度、
> 地形、地質的不同，震度也會不一樣。

震度7　　震度5　　震度1

規模
M 7　✖ 震源

➡ 震度分級

震度等級	測得震度	人類體感 * 譯註
0	未滿 0.5	人無感覺。
1	0.5 以上，未滿 1.5	人靜止或位於高樓層時可感覺微小搖晃。
2	1.5 以上，未滿 2.5	大多數人可感到搖晃，睡眠中的人有部分會醒來。
3	2.5 以上，未滿 3.5	幾乎所有人都感覺搖晃，有的人會有恐懼感。
4	3.5 以上，未滿 4.5	有相當程度的恐懼感，部分人會尋求躲避的地方，睡眠中的人幾乎都會驚醒。
5 弱	4.5 以上，未滿 5.0	大多數人會感到驚嚇恐慌，難以走動。
5 強	5.0 以上，未滿 5.5	幾乎所有人會感到驚嚇恐慌，難以走動。
6 弱	5.5 以上，未滿 6.0	搖晃劇烈以致站立困難。
6 強	6.0 以上，未滿 6.5	搖晃劇烈以致無法站穩。
7	6.5 以上	搖晃劇烈以致無法依自我意志行動。

➡ 觀測史上的大地震，依照規模排序

①	智利大地震（1960 年）	*M* 9.5
②	蘇門答臘地震（2004 年）	*M* 9.1 ～ 9.3
③	阿拉斯加大地震（1964 年）	*M* 9.2
④	蘇門答臘地震（1833 年）	*M* 8.8 ～ 9.2
⑤	卡斯凱迪亞地震（1700 年）	*M* 8.7 ～ 9.2
⑥	東北大地震（2011 年）	*M* 9.0
⑦	大洋城地震（1952 年）	*M* 9.0

* 譯註：本欄內容為臺灣中央氣象局對震度的說明。

善用風能的英雄——假面騎士

　　說到日本特攝電視劇，許多人應該會先想到「超人力霸王」吧。除此之外，「假面騎士」也是與之齊名的代表性特攝*譯註作品。或許知道的人不多，但其實假面騎士是利用風的力量變身的。

　　一開始的假面騎士 1 號是用腰帶上的風車獲得風的力量，藉此變身成假面騎士。風車旋轉所獲得的風能可以用來啟動體內的小型原子爐，所以假面騎士會為了讓風車轉動而騎乘機車，或者從大樓上跳下來。

　　而接著登場的 2 號，只要跳躍一次，蒐集到的風能就足以讓他變身了。不僅如此，他的腰帶還有儲存風能的功能（好厲害！），所以就算沒有風，也可以用腰帶裡的能量來變身。如果風能能儲存，想必運用起來會方便許多吧。

　　近年來，市面上陸續出現了各種風力發電機與電力儲藏系統，有些便宜到一般家庭都能負擔。單靠風力發電可能沒辦法負擔整個家庭的用電，不過如果能再和太陽能發電結合，數十年後說不定就可以讓每個家庭都有一台發電機了。

➡ 風力發電（示意圖）

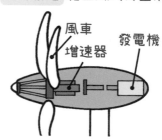

風力發電 藉由風的力量來發電

風車
增速器
發電機

*譯註：特攝劇指的是科幻、恐怖、奇幻等
　類型的戲劇。

第 8 章

描述看不到的「聲音」和「溫度」單位

相對於其他動物，人類的聽覺比較不靈敏，常會「誤聽」。本章要介紹的就是與聽覺有關的「聲音」單位以及表示「溫度」單位。

為什麼我們聽得到聲音？

dB、phon、sone

人類的耳朵之所以聽得到聲音，是因為有空氣存在。當空氣中傳導的振動經過耳朵邊，我們就會聽到「聲音」，而振動的強度稱為「聲壓」。我們會用分貝 **dB** 這個單位來表示聲壓的等級。之所以說是「等級」，是因為 dB 的標準並不是儀器測到的數字，而是以人耳聽到的感覺為標準。設定人耳勉強可以聽到的聲壓為 0 dB，聲壓每增強十倍，就多 10 dB。至於為什麼是十倍？因為當聲壓變為十倍，我們感覺到的聲量大小會變為兩倍。聲壓沒辦法直接相加，假設一台使用中的吸塵器聲壓為 80 dB，那麼當同時使用兩台吸塵器，產生的聲壓並非 160 dB，而只有 83 dB 左右。

dB 是比例的概念，所以可用在聲壓以外的電訊號世界。事實上，「dB（分貝，decibel）」這個單位的「Bel（貝）」就是源自發明電話的亞歷山大・格拉漢姆・貝爾（Alexander Graham Bell）。貝爾當時定 bel 做為傳送電力時電力衰減程度的單位，不過 1 Bel 表示的量對人類來說太大，所以後來人們加上十分之一的前綴詞「deci（分）」，成為「decibel（分貝）」。

然而，dB 相同、頻率不同的兩個聲音，聽起來並不會一樣大聲。所以除了 dB，我們還需要另一個與聲音有關的單位，也就是響度（聽到的聲音大小等級）的單位——方 **phon**。這個單位以頻率 1,000 Hz 的聲音為標準，若一個聲音是 x phon，代表這個聲音聽起來和頻率為 1,000 Hz、聲壓為 x dB 的純音[*]一樣大聲。

另外，以 40 phon 的聲音大小為標準，一個聲音的聲量聽起來是 40 phon 的幾倍，就稱為幾宋 **sone**。這個單位常用來表示家電產品的聲音大小。「聲音」稍有變化，人類聽到聲音的感覺就很不一樣，要準確描述一個聲音有多大似乎沒那麼容易呢！

---

[*] 例如音叉這種僅含有單一正弦波的聲音，就是純音。但自然界中幾乎不存在純音。

→ 噪音與聲壓強度

分貝 dB	噪音的例子	體感狀況	
10	人的呼吸	非常安靜（0～20 dB）	
20	樹葉摩擦的聲音	安靜（20～40 dB）	
20	靜置於前方一公尺處的時鐘秒針聲音	安靜（20～40 dB）	
30	鄉下深夜		
30	悄悄話		
40	圖書館	普通（40～60 dB）	
40	白天安靜的住宅區		
50	安靜的辦公室		
60	安靜的小客車	惱人（60～80 dB）	
60	一般對話		
70	電話鈴		
70	吵雜的辦公室		
70	拍打棉被的聲音		
80	地下鐵車廂內	非常惱人（80～100 dB）	
90	狗叫聲		
90	大聲獨唱		
90	吵雜工廠內		
100	有電車通過時的高架橋底下	耳朵很痛（100～130 dB）	
110	管絃樂極強（ff）		
120	飛機引擎聲		
130	大砲發射		

隔絕聲音的標示

D 值、T 值、L 值、NC 值

生活中應該很少碰到完全沒任何聲音的環境。我們有時會聽到悅耳的聲音，有時則會聽到惱人的「噪音」。

建築領域中，有幾個用來判斷隔音效果與噪音等級的標準，而這些隔音效果與噪音等級皆須用聲音（聲壓）的單位「dB」來計算。

首先是用來表示建築物的牆壁與地板可以遮蔽多少聲音的標準——**D 值**。舉例來說，假設隔壁房間的電視聲音為 70 dB，而你在自己房間裡聽到的聲音是 30 dB，那麼牆壁的 D 值就是 70 dB – 30 dB = 40 dB，寫成「D-40[*]」。數字越大，隔絕的聲量越多。D-55 幾乎可以擋住鋼琴的聲音，只聽得到微弱的聲響；D-30 則可聽得很清楚。

T 值是另一個表示聲音隔絕能力的標準。這是用來表示窗戶聲音隔絕等級的數字，與 D 值類似，T 值是測定窗戶內外的聲音，再依照窗戶隔絕聲音的程度，分成四個等級。「T-1」的隔音性最低，隔音性最高的雙重窗戶通常為「T-4」。T 值越高，房間越安靜，但對比之下，打開窗戶的時候會覺得更吵。

L 值是另一個表示地板可隔絕多少衝擊音的標準。孩童在地板上跳動、下樓梯的聲音（衝擊地板之重音）以「LH」表示；東西掉落至地板、拉動椅子的聲音（衝擊地板之輕音）以「LL」表示。因為這個數字代表聲音等級，所以 D 值越大，我們會覺得越吵。「LL-40」幾乎聽不到聲音，「LL-65」則會讓人覺得有點吵。

最後要介紹的是表示室內有多安靜的 **NC 值**。這個標準常用來判斷辦公室內空調噪音等經常存在的噪音。一般認為，大會議室「應為 NC-20 較適當」，可以說是相當安靜的狀態；如果高達「NC-50」，連講電話都會有些困難，交談時也需要大聲說話。和「L 值」類似，NC 值越小就越安靜。

---

* 日本 JIS 表示為「Dr-40」。

➡ 隔音性能與 D 值

建築物	房間用途	部位	適用等級			
			特級	1 級	2 級	3 級
			特別規格	標準值	容許值	最低值
集合住宅	起居室	與鄰居之間的牆壁、地板	D-55	D-50	D-45	D-40
飯店	客廳	與隔壁房之間的牆壁、地板	D-50	D-45	D-40	D-35
辦公室	需要隱私的會議室	隔間牆壁、店鋪間牆壁	D-50	D-45	D-40	D-35
學校	普通教室	隔間牆壁	D-45	D-40	D-35	D-30
醫院	病房（個人房）	隔間牆壁	D-50	D-45	D-40	D-35
獨棟住宅	需要隱私的寢室、個人房間	自己家裡的隔間牆壁	D-45	D-40	D-35	D-30

➡ 適用等級意義

	特級	1 級	2 級	3 級
隔音性能水準	非常優秀	效果很好	可滿足需求	最低需求
性能水準說明	有特殊隔音需求時使用	幾乎沒有使用者會抱怨，隔音性能相當好	可能有某些使用者會抱怨，但可滿足大部分需求	可能有不少使用者會抱怨

電波是一種聽不到的振動

Hz

　　於空氣中的振動波，傳至人類耳朵時，可以聽到「聲音」。包括人類耳朵聽不到的聲音在內，這些在空氣中傳播的振動情況可以用頻率（振動數）來描述。頻率指的是 1 秒內振動的次數，單位為 **Hz**。

　　這個單位名稱源自德國的物理學家——海因里希·赫茲。赫茲曾做過許多實驗，他是第一個成功以電磁波傳送訊號的人。電磁波過去只存在於假說中，赫茲則證明了它的存在。

　　一般說的電磁波，指的是頻率在 3 THz 以下的電磁波。頻率比這高的電磁波包括紅外線、可見光、紫外線等「光」*以及 X 射線，γ 射線等。聲音需藉由空氣與水傳進耳朵，電磁波則不同，就算沒有空氣與水，電磁波一樣能夠傳播。

　　收聽 AM 電台時，接收的電波屬於「中頻（MF）」；FM 電台與電視電波則屬於「甚高頻（VHF）」，與中頻及高頻相比，特高頻的傳播距離比較短。頻率再高一些的「特高頻（UHF）」可用於手機、商用無線電、微波爐、可做成耳標的電子標籤等。而頻率更高的「超高頻（SHF）」則有直線前進的性質，可朝特定方向發射訊號，故可用於衛星通訊與衛星訊號傳播。

　　「電磁波」的傳播速度為光速，而我們聽到的「聲音」的傳播速度則是 340 m/s（每秒公尺）。所以「附近有煙火大會，且電視正在直播」時，會先聽到電視上的煙火聲，之後才聽到從外面傳來的煙火聲」。

---

* 一般說的「光」，指的是肉眼可見的光，不過自然科學領域所說的光還包含了紫外線、紅外線等。

➡ 與人類息息相關的電磁波

頻率

頻率範圍	名稱	用途	
3kHz – 30kHz	甚低頻（VLF）	海底探測等	
30kHz – 300kHz	低頻（LF）	船隻與飛機航行用的無線電信標、無線電時鐘等	
300kHz – 3MHz	中頻（MF）	AM 電台廣播、業餘無線電 [※1] 等	
3MHz – 30MHz	高頻（HF）	船隻與國際線飛機使用的通訊	
30MHz – 300MHz	甚高頻（VHF）	FM 電台廣播、警察無線電等	
300MHz – 3GHz	特高頻（UHF）	手機、計程車無線電、微波爐等	
3GHz – 30GHz	超高頻 [※2]（SHF）	衛星通訊、衛星訊號傳播、無線 LAN 等	
30GHz – 300GHz	極高頻（EHF）	汽車防撞雷達等	
300GHz – 3THz	兆赫輻射（THF）	電波望遠鏡的天文觀測等	

※1 高頻電磁波中，也有部分頻率劃給了業餘無線電使用。

※2 有人稱為厘米波、公分波。也有人將表中的超高頻、極高頻、兆赫輻射統稱為微波，微波的定義可狹可廣。

你的音域在哪裡？
八度音程

　　就算你不怎麼喜歡音樂，應該也看過鋼琴鍵盤吧。鋼琴鍵盤有黑有白，黑鍵有的是兩個為一組，有的是三個為一組。兩個一組的黑鍵左方白鍵是「Do」，而接下來往右的白鍵依序為「Re、Mi、Fa、Sol、La、Si」，然後再重複同樣的順序。一個「Do」到下一個「Do」共有八個音，故稱為**八度音程** octave。黑鍵的音階稱為半音音階，與白鍵加起來一共有十二個音。Octave 這個字源自拉丁文的「octavus」，意為第八。

　　不同的音，音波頻率也不一樣。兩個差八度的音，頻率會差兩倍。舉例來說，假設某個鍵盤上「Do」的頻率為 264 Hz，那麼高八度「Do」的頻率就是 528 Hz。就算是不怎麼熟悉音樂的人，也應該聽過學校或百貨公司在廣播前的提示音。一般而言，這段提示音會包含四個音，頻率依序是「440 Hz—550 Hz—660 Hz—880 Hz」。確實，和第一個音相比，最後一個音高了八度。順帶一提，這段提示音可以用名為「dinner chime」的樂器（類似五階木琴）輕鬆演奏出來。從它的名字看來，這原本或許是用來通知晚餐時間的鈴聲吧？

　　再來，應該有不少人喜歡唱卡拉 OK。你的音域有多廣呢？人類可以發出的聲音範圍為 85 Hz 到 1,100 Hz 左右，大約橫跨三個八度。不過考慮到聲音的穩定度，一般人能唱出的穩定聲音，範圍大約只有兩個八度。職業歌手中，有人的發音在三個八度以上，很厲害吧！

➡ 八度音程小伙伴

「octavus」是八的意思，許多單字以此為語源，下面是一些例子。

章魚
(octopus)

八邊形
(octagon)

古羅馬曆八月
＝
現在的十月 (October)

八重奏 (octet)
小提琴　中提琴　大提琴　低音提琴　單簧管　法國號　低音管

八十多歲的人
(octogenarian)

八胞胎 (octuplet)

絕對溫度是什麼？

K

克耳文 **K** 是表示絕對溫度的單位。那麼「絕對溫度」又是什麼？

物質內的分子以及分子內的原子都具有一定的動能，會持續不斷振動。使這些粒子的振動情況降至最低的溫度，就是絕對零度，也就是 0 K。若以慣用的攝氏溫標來表示這個溫度，是 -273.15℃。世界上不存在比絕對零度還要低的溫度。而且，絕對溫度的高溫沒有上限。氣態、液態、固態等三態的水能共存的環境稱為「三相點」（攝氏 0.01℃），我們定義「1 K」為三相點之熱力學溫度 * 的 273.16 分之 1。

聽起來好像有點複雜，但事實上，絕對溫標中的 1 K 溫度差，和攝氏溫標的 1℃ 溫度差是一樣的。0 K 等於 -273.15℃，且兩種溫標的溫度差一樣大，所以 20℃ 會等於 20 + 273.15 = 293.15 K。只要知道兩種溫標相差 273.15 度，其實計算並不困難。

K 這個單位需以大寫字母表示，或許有些人知道，這個單位名稱源自於英國的物理學家——威廉·湯姆森（William Thomson）。「咦？不是克耳文嗎？」可能各位會這麼想。原來威廉·湯姆森在 68 歲時，因他的眾多成就而被封爵，成為克耳文男爵。這個「克耳文男爵」才是單位名稱的由來。

國際上會使用 K 做為溫度單位，不過日本從明治時代以來，便已相當習慣使用攝氏溫標。如果要用 K 來表示，請自行加上 273.15。

絕對溫度的單位 K 除了用來表示液態、固態、氣態的熱力學溫度，有時會用來表示光的顏色。以溫度來表示光的顏色時，稱為「色溫」。色溫從低到高的顏色變化為「紅」→「白」→「藍」。

例如，晴朗的白天時，光的色溫約為 5,800 ～ 6,000 K，光的顏色接近白色。當色溫在 7,000 K 以上，光的顏色會帶一點藍色。相對的，日出後與日落前，光的色溫較低，約在 2,300 K 以下，帶有一些紅色。

* 具普遍性的理論溫度。一般狀況下與絕對溫標的意義相同。

➡ 各種光的色溫

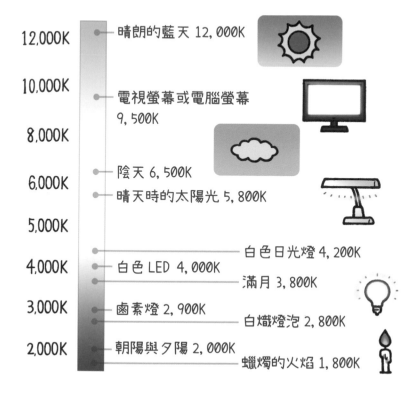

12,000K　　　晴朗的藍天 12,000K

10,000K　　　電視螢幕或電腦螢幕
　　　　　　　9,500K

8,000K

6,000K　　　陰天 6,500K
　　　　　　　晴天時的太陽光 5,800K

5,000K

　　　　　　　　　　　　白色日光燈 4,200K

4,000K　　　白色 LED 4,000K
　　　　　　　　　　　　滿月 3,800K

3,000K　　　鹵素燈 2,900K
　　　　　　　　　　　　白熾燈泡 2,800K

2,000K　　　朝陽與夕陽 2,000K
　　　　　　　　　　　　蠟燭的火焰 1,800K

「攝氏溫度」是什麼？
℃、centigrade、℉

　　一般而言，日本人在測量氣溫和體溫時，會以「攝氏溫度」做為標準。提出攝氏溫標的人是瑞典的天文學家安德斯・攝爾修斯（Anders Celsius）。歐美人稱攝氏溫度為 Celsius degree，日本則是取他名字的中文譯名——「攝爾修斯」的第一個字，再加上「氏」，得到「攝氏」溫標。單位「℃」則取自 Celsius 的字首。在日本和臺灣，有時不寫攝氏或℃，直接稱溫度為「36 度」。

　　那麼攝氏溫度是什麼樣的溫度呢？簡單來說，就是「設一大氣壓下，水的凝固點*為『0』，沸點**為『100』，再將兩者間一百等分後得到的單位」。事實上，攝爾修斯在 1742 年提出這個溫標時，是將凝固點設為 100℃，沸點設為 0℃，後來才改成了現在的定義。一開始人們用拉丁文中代表「100 步」的 **centigrade** 來表示這種溫標的符號，不過因為這個字的字首為 centi，易與 SI 的前綴詞 centi 混淆，故改以 Celsius 的字首來表示溫標，寫成「℃」。

　　此外，我們要怎麼知道市面上販售的溫度計準不準呢？溫度計廠商會比較一般溫度計與「標準溫度計」測得的溫度，以瞭解溫度計是否準確。這種「標準溫度計」屬於「法定標準器」，使用不易老化、劣化的材料製成，是專業人士一個個手工製成的產品，製作一支標準溫度計需要六個月。就是因為標準溫度計那麼厲害，調整出來的一般溫度計才讓人用得放心。

除了攝氏溫度之外，「華氏溫度」（單位符號為℉）也是一種常用的溫標。華氏溫度是在攝氏溫度出現的三十多年以前，由加布里爾·華倫海特提出的溫標。日本人不太使用華氏溫標，美國人卻很常使用。華氏溫標設定水的凝固點為 32 度，沸點為 212 度，再將兩者間一百八十等分。華氏溫度與攝氏溫度可以由「攝氏溫度＝（華氏溫度 − 32）× 5 ÷ 9」的公式彼此換算。以華氏 90 度為例，「（90 − 32）× 5 ÷ 9 ≒ 32.2 度」，故華氏 90 度等於攝氏 32.2 度。

* 液體凝固成固體時的溫度。水凝固後會得到冰。
** 液體沸騰成氣體時的溫度。水沸騰後會得到水蒸氣。

➡ 各種攝氏溫度

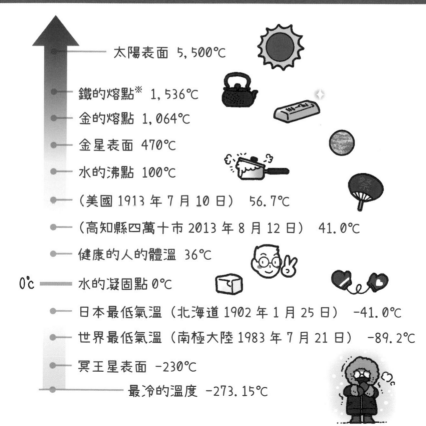

太陽表面 5,500℃

鐵的熔點※ 1,536℃
金的熔點 1,064℃
金星表面 470℃
水的沸點 100℃
（美國 1913 年 7 月 10 日）　56.7℃
（高知縣四萬十市 2013 年 8 月 12 日）　41.0℃
健康的人的體溫 36℃
0℃ ── 水的凝固點 0℃
日本最低氣溫（北海道 1902 年 1 月 25 日）　−41.0℃
世界最低氣溫（南極大陸 1983 年 7 月 21 日）　−89.2℃
冥王星表面 −230℃
最冷的溫度 −273.15℃

※「熔點」指的是固體熔化成液體的溫度。

用音叉校正望遠鏡？

　　你知道「音叉」是什麼嗎？這是為樂器調音的工具。敲打音叉分成兩股的金屬部分，音叉便會發出某特定頻率的聲音 *。發明音叉的是英國人約翰·朔爾（John Shore），他用音叉來為魯特琴這種樂器調音。音叉的頻率相當穩定，且無論何時都會發出相同頻率的聲音，故很適合用來為樂器調音。

　　這種能發出穩定頻率的音叉，可以用來校正夏威夷島茂納凱亞火山山頂的「昴星團望遠鏡」的感應裝置。昴星團望遠鏡的反射鏡口徑為 8.2 m，為世界最大、最光滑的單枚鏡片。這個鏡片重達 23 t，厚度卻只有 20 cm，相當容易產生偏離。該鏡片由 261 個名為「促動器（Actuators）」的機器手臂支撐著，促動器上有音叉式力量感應器。鏡片移動時，每 150 kg 重的力量，音叉式力量感應器可偵測到 1 g 重的變化。將很久以前便已存在的音叉應用在感測器上，這個點子和技術很了不起吧。

　　順帶一提，各位知道要怎麼清潔昴星團望遠鏡的反射鏡嗎？由於鏡片又大又重，所以不可能從望遠鏡中取出來清洗。因此，工作人員會用二氧化碳來做清潔工作。用細噴嘴在鏡面周圍噴出 -56.6℃的液態二氧化碳，這些液態二氧化碳會生成氣態二氧化碳與固態乾冰，可以去除灰塵。

---

* 一般是用 440 kHz（A 音）。

第 9 章

表示「光」的
各種單位

室戶岬

聽到「光」會讓你想到什麼呢？
太陽或月亮的光嗎？還是電燈的
光呢？無論如何，光都是我們日
常生活中不可或缺的東西。本章
將介紹各種「光」的單位。

以蠟燭的亮度為標準

cd、cp、燭、gr、lb

「光源」是指能夠自行發光的物質或機器。太陽和房間內的電燈（點亮的時候），都是一種光源。

「光度」指的是光源釋放出來的光量，單位為燭光 **cd**（candela）。「candela」這個字在拉丁文中是「以動物油脂製成的蠟燭」的意思。故 cd 是以一根蠟燭的亮度做為標準。看到這裡，想必各位也發現了，這個字也是英文「candle ＝蠟燭」的語源。

這個單位原本稱為 **cp**（candle power），在日本稱為**燭**。1860 年時通過的英國首都氣體條例規定，1 cp 為「每小時可燃燒 120 **gr** 之 1/6 **lb**[*] 鯨腦油蠟燭的亮度」。到了 1948 年，全世界統一改用「cd」這個單位。1 cp ＝ 1.0067 cd，兩者幾乎相等。

許多光源會以 cd 來表示光度，「燈塔」也是其中之一。日本光度最強的燈塔──室戶岬燈塔有 160 萬 cd，燈塔的光可以照到 26.5 海浬（約 49 km）的距離。光度第二強的燈塔是犬吠埼燈塔，光度為 110 萬 cd。

那麼亮的燈塔，消耗的電力是不是很大呢？因為燈塔上有透鏡與反射鏡等裝置，故可以有效集中光束。以前使用的燈泡為 2,000 W，現在改使用發光效率較高的燈泡，只要 400 W 左右即可。

---

* 120 gr（格林）約為 7.8 g（克），1/6 lb（磅）約為 76 g（克）。關於這些單位的說明，請參考第 72 ～ 75 頁。

➡ 全日本只有 5 個「第 1 等燈塔」

燈塔所使用的透鏡可以依照大小分成 1 等至 6 等，以及比 6 等更小的等。目前日本全國共有五個使用最大等級之透鏡的「第 1 等燈塔」。

出雲日御碕燈塔
（島根縣出雲市）
有效光度 48 萬 cd

經之岬燈塔
（京都府京丹後市）
有效光度 28 萬 cd

角島燈塔
（山口縣下關式）
有效光度 67 萬 cd

犬吠埼燈塔
（千葉縣銚子市）
有效光度 110 萬 cd

室戶岬燈塔
（高知縣室戶市）
有效光度 160 萬 cd

表示光線照射處亮度的單位

lx

　　距離光源越遠，光的亮度就越弱。想要描述某個位置接收到的光線量（光通量）密度，而非光源本身的亮度時，會稱為「照度」。照度的單位是勒克斯 **lx**，表示單位面積接收到的光線量。若每 1 m^2（平方公尺）的光通量為 1 lm（流明，見下一節的介紹），則照度就是 1 lx。舉例來說，距離 1 cd 光源 1 m 處的照度為 1 lx；2 m 處的照度為 0.25 lx；50 cm 處的照度則是 4 lx。換言之，照度與距離的平方成反比。

　　讓我們來看看現實中各種光源的照度。晴天時，太陽光抵達地表的照度為 10 萬 lx，陰天時則是 1 萬～ 2 萬 lx；滿月夜晚時，抵達地表的月光照度為 0.2 lx。房間內，距離 60 W 白熾熱燈 30 cm 處的照度約為 500 lx。

　　依照 JIS 的照度標準表，在寢室化妝時，照度應大於 300 lx；在書房讀書時，照度應大於 500 lx。許多研究結果顯示，在黑暗中工作會使眼睛容易疲勞。為了保護眼睛，請確保工作場所有一定亮度。

　　另外，隨著年齡的增加，不只視力會逐漸衰弱，對明亮的敏感度也會越來越差。假設 20 歲的人對某個亮度的光線的感受程度為 1，那麼 40 歲的人就需要 1.8 倍亮度的光線才會有同樣的感覺。50 歲的人是 2.4 倍，到了 60 歲則需要 3.2 倍亮度的光線 *。

*以看得到報紙的印刷字為標準。

➡ IS 照明標準的推薦照度

照度（單位：lx）	住宅	辦公場所	營業場所	醫療場所
2000			大型店鋪的玻璃櫥窗、重要陳列處	
1000	手工藝、裁縫		大型店鋪的一般陳列處	急診室 手術室
750		一般辦公室 幹部辦公室 玄關 大廳（ 白天時 ）	收銀台 時裝店的試衣間 超市店內	
500	管理共同住宅的辦公室	會議室 控制室	大型店鋪內各處 餐廳廚房	診察室 恢復室 靈堂
300	廚房調理台 化妝室 共同住宅的集會室	櫃台 化妝室 電梯等待處		
200	遊玩空間 共同住宅的大廳、電梯等待處	廁所 更衣室 書庫	餐廳客席	
100	書房 玄關 共同住宅的走廊	休息室 玄關乘車處		病房
75	廁所			眼科暗室
50	起居室	室內 逃生梯		
20	寢室			

這些就是推薦的照度喔！

表示光源放出之光線總量的單位

lm

　　表示照度的「lx」是指一個被光照到的面有多亮，即單位面積的光線量。而從光源放出的光線總量，則稱為「光通量」，單位為流明 **lm**。1 cd 的光源在立體角 1 sr* 的範圍內所釋出的光通量為 1 lm。順帶一提，「lm」在拉丁文中為「晝光」之意。

　　近年來，越來越多人在自家使用 LED 燈具，lm 可做為比較 LED 燈泡或日光燈亮度的標準。在 LED 出現以前，購買電燈泡或日光燈時，會用上面標示的「W（瓦）」數來判斷其亮度，例如 20 W 或 40 W 等。W 是電力消耗的單位，數字越大、燈具越亮。

　　那麼 LED 又如何呢？LED 標榜「可以用比日光燈還要少的電力，產生和日光燈一樣的亮度」，但卻無法單純用 W 來比較它們的亮度，故只能以 lm 這個表示光源本身亮度的單位為標準，判斷一個燈具的亮度。比方說，與 40 W 燈泡亮度相同的 LED 燈泡為 485 lm；與 40 W 日光燈亮度相同的日光燈型 LED 為 2,250 lm。

　　有人說光通量是「人眼看到的光線量」，但如果在不同情況下看著相同的光源，可能會產生不一樣的感覺。

　　眼睛內的角膜與水晶體中間有一個稱為「虹膜」的膜 **，可以調整瞳孔的大小，藉此調節抵達視網膜的光線量。虹膜在明亮的地方會收縮，減少進入的光線量；在陰暗的地方則會舒張，增加進入的光線量。因此，從陰暗處移動到明亮處的瞬間，虹膜還來不及收縮，會讓過多光線抵達視網膜而使人感到眩目。

　　相反的，從明亮處移動到陰暗處的瞬間，虹膜來不及舒張，會使抵達視網膜的光線量過少，讓人看不到東西。

---

* 關於「sr（球面度）」，請參考第 90 頁說明。
** 虹膜是指眼白內側有顏色的部分。亞洲人的虹膜大多為深褐色。

➡ **適合不同房間大小的 LED 吸頂燈亮度**

～ 4.5 畳				5,100 lm 以上～未滿 6,100 lm	
～ 6 畳			4,500 lm 以上～未滿 5,500 lm		
～ 8 畳		3,900 lm 以上～未滿 4,900 lm			
～ 10 畳	3,300 lm 以上～未滿 4,300 lm				
～ 12 畳	2,700 lm 以上～未滿 3,700 lm				
～ 14 畳	2,200 lm 以上～未滿 3,200 lm				

➡ **照度與色溫對心理的影響「Kruithof 效果」**

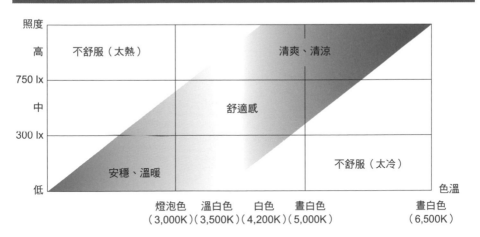

表示一個東西看起來有多亮

cd/m²、nt、sb

亮度相同的光源，面積越大，光源看起來就越亮。舉例來說，在房間內點亮一盞日光燈和點亮兩盞日光燈時，房間的亮度就不同。在說一個光源的亮度時，說的可能不是光源整體的亮度（光度），而是光源單位面積的光度。

單位面積的光度稱為「輝度」，單位為 cd/m²（燭光每平方公尺）。如其單位符號所示，輝度表示每 $1 \ m^2$ 的光源表面所產生的光度。一般來說，「光度」常用在不需要考慮其面積的光源，例如星體與電燈等；「輝度」則用在電腦螢幕等機器的亮度表示。液晶電視約為 500 cd/m²（燭光每平方公尺）左右，電腦液晶螢幕的最大輝度則通常是 250 ～ 300 cd/m²。

這個單位並沒有特定的國際共通名稱，不過有一個別名稱為「nit（尼特）」，單位符號為 **nt**。nit 源自於拉丁文的「nitor」，意為「發出光芒」。

nt 指的是 $1 \ m^2$ 的光度，相較於此，$1 \ cm^2$（平方公分）的光度則稱為熙提 **sb**。也就是說，$1 \ sb = 10^4 \ cd/m^2$（燭光每平方公尺）。

輝度與光度一樣，是人眼可以感覺到的量。因此，對於能夠自動調節進入光線的人眼來說，不同情況下看到的相同輝度，可能會有不一樣的感覺。比方說，兩根點亮的日光燈，不一定會是單一日光燈的兩倍亮。

➡ 為保護眼睛，螢幕不要看太久

表示夜空繁星的亮度
星等

星等是用來表示星星明亮程度的單位，數字越小，代表星星越明亮。

星等的使用已有很長的歷史。西元前二世紀時，希臘一位名為喜帕恰斯的天文學家，就將肉眼可以看到的星星依照亮度分成 1 等星至 6 等星。將夜空中最明亮的星星設為 1 等星，勉強可以看到的星星設為 6 等星。

十六世紀，發明出望遠鏡後，人們開始能看到比 6 等星還要暗的星星。但每個學者對於七等星、八等星的分類都不一樣，沒有統一。直到十九世紀時，出現了星體攝影的技術，研究人員才能以照片上的星體亮度為標準，判斷星體的星等。照片對藍光較敏感、對黃光則較不敏感。於是，人們便將以人眼判定的星等稱為「視星等」，以照片判定的星等稱為「攝影星等」，以區別兩者。

現在，研究人員會使用裝在望遠鏡上的光電測光器，以及冷卻型 CCD 攝影機來測定星星的亮度。在喜帕恰斯的年代，星等並沒有小數點，不過現在我們對星等的判定已可精準到 0.001 星等了。另外，現在定義 1 等星與 6 等星的亮度差為 100 倍，每差一個星等，星星的亮度約會差 2.5 倍。

前面提到的星等，都是指在地球上看到的星星亮度，但每一顆星星和地球的距離都不一樣，星星實際上的亮度和站在地球看到的亮度常有很大的差異。於是，天文學家們以 32.6 光年為標準，假設某顆星與地球的距離為 32.6 光年，此時看到的星等就稱為「絕對星等」。

➡ 視星等與絕對星等

仙后座 V987 星距離地球約 32.8 光年，故它的視星等與絕對星等幾乎相同。

天鵝座的天津四位於 930 光年的遠方，其絕對星等為 -6.2 等，可以說是非常明亮的星星。

視星等	絕對星等	星體名
−26.73	4.8	太陽
−12.6		滿月
−4.4		金星（亮度最大時）
−2.8		火星（亮度最大時）
−1.46	1.45	天狼星（亮度僅次於太陽的恆星）
−0.72	−5.54	老人星（亮度第三亮的恆星）
0.03	0.61	織女一（織女星）
0.8	2.2	河鼓二（牛郎星）
0.96	−4.9	心宿二
1.25	−6.2	天津四
5.63	5.64	仙后座 V987 星
6		一般而言，肉眼可見的最暗恆星
12.6		類星體 3C 273[*譯註]（位於數十億光年外的明亮星體）
30		哈伯太空望遠鏡[※] 可以觀測到的最暗星體

※ 在地球大氣層外，高度約 600 km（公里）的軌道上繞著地球轉，是一個口徑 2.4 m（公尺）的反射型望遠鏡。因不會受到大氣的影響，故可傳回鮮明的星體照片。

* 譯註：原文無註明是哪個類星體，但每個類星體的亮度不一樣，故這裡挑了一個符合敘述的類星體寫入譯文。

表示相機鏡頭所表現出來的亮度
F 值

　　和過去相比，拍攝相片這件事已經變得簡單許多。數位相機出現後，拍照變得很方便。沒過多久，手機的時代來臨，其中更有不少人很常用智慧型手機來拍照。不論何時何地，每個人都能隨時開始攝影，而且就算沒有相機的專業知識，任何人都能拍出漂亮的畫面。不過，如果能進一步瞭解各種數位相機與智慧型手機鏡頭之間的差異，或許能拍出更理想的照片。例如，如果要拍夜景，需要在陰暗處拍攝，並選用光圈較大的鏡頭。

　　我們會用 **F 值**來表示相機鏡頭的光圈大小。如果各位手邊有數位相機，應該可以在鏡頭附近看到「F＝2.0」或「1：3.5」之類的數字。「F＝」或「1：」右邊的數字就是 F 值。近年來智慧型手機的相機幾乎都是 F 值可以達到 2.0 的機種，光圈相當大，可見進化得相當快。

　　相機的光圈大小與透鏡的直徑（口徑）及焦距有關。透鏡直徑越大，就可以聚集到更多光，光圈就越大。透鏡直徑變為 2 倍時，面積會變成 4 倍；透鏡直徑變為 3 倍時，面積會變成 9 倍。也就是說，相片的亮度會與透鏡直徑的平方呈正比。另一方面，焦距變為 2 倍時，亮度會變為 4 分之 1，故相片的亮度會與焦距的平方呈反比。

　　由以上提到的兩種變數，可定義 F 值為透鏡焦距除以透鏡直徑的值。F 值越低，越可拍出鮮明的相片。順帶一提，人眼的光圈約為 F＝1.0，可見人類眼睛的性能比智慧型手機的相機還高。

➡ 調整數位相機的光圈

將數位相機的快門時間、ISO 值（感光度）、光圈值（F 值）調整成不同數字，得到的照片也會不一樣喔。

快門時間
　　快門時間越長，進入相機的光就越多，但也越容易手震。

ISO 值（感光度）
　　相機感光元件對光的敏感程度。ISO 越高，可以在越暗的地方拍攝，但也容易出現雜訊。

光圈值（F 值）
　　可調整從透鏡進入相機的光量，不過智慧型手機的光圈多為固定值。

某些智慧型手機的應用程式還可以調整亮度、模糊程度喔。

表示眼鏡的度數
D

　　如果是有配過近視眼鏡或遠視（老花）眼鏡的人，或許有聽過 **D** 這個單位，這是用來表示透鏡折射率的單位。即使各位「有戴眼鏡，但從來沒聽過這個單位」，也應該聽過「屈光度」吧。眼鏡行所使用的屈光度（球面度數），單位就是 D[＊譯註]。

　　眼鏡的透鏡折射率等於透鏡焦距（以公尺為單位）的倒數，凸透鏡的折射率為正數，凹透鏡則是負數。

　　凸透鏡顧名思義，就是指中心部分較厚，周圍部分較薄的透鏡，可以用來矯正遠視，或者做為老花眼鏡使用。凸透鏡可以將太陽光等平行光聚集在一點上，故凸透鏡也被稱為「聚光鏡」或「匯聚透鏡」。

　　凹透鏡則是中心部分較薄，周圍部分較厚的透鏡，可以用來矯正近視。凹透鏡有擴散光線的性質，就像是在光源的一側有一個焦點一樣。事實上，我們也確實會把這個點當做凹透鏡的焦點，不過焦距是負的。由於這個焦點無法投影出來，故又稱為「虛焦點」。

　　舉例來說，如果焦距是 0.5 m，D 就是它的倒數，也就是 2。D 是 1 除以透鏡焦距（以公尺為單位）後得到的數字。戴眼鏡的各位，你的眼鏡和你的度數相符嗎？一般來說，選擇眼鏡鏡片時，應選擇「眼睛休息、沒有看向特定目標時，能讓你眼睛在 1 m 左右的位置對焦」的透鏡。度數太高，會出現肩膀痠痛與頭痛等問題，故請選擇適合自己的鏡片。

＊譯註：臺灣所使用的鏡片度數為屈光度 D × 100 的數字。

➡ 凸透鏡與凹透鏡

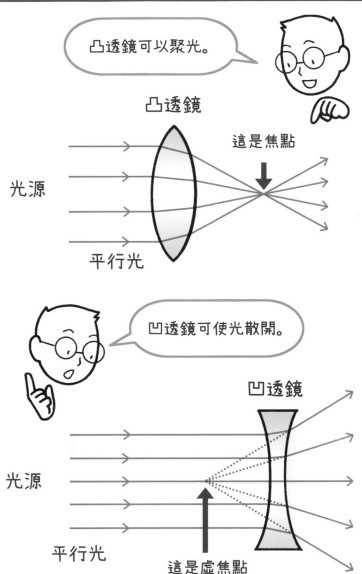

凸透鏡可以聚光。

凸透鏡

這是焦點

光源

平行光

凹透鏡可使光散開。

凹透鏡

光源

平行光

這是虛焦點

燈塔的透鏡～什麼是菲涅耳透鏡？～

　　燈塔所使用的透鏡中，最大的是第 1 等透鏡，直徑為 2,590 mm、內徑 1,840 mm、焦距為 920 mm。透鏡的分級不是看透鏡的徑長，而是看焦距。聽到燈塔的透鏡，可能會讓人想到凸透鏡的形狀。一個大於 2 m 的大型凸透鏡相當重，成本也相當高。不過，燈塔實際使用的是一種名為「菲涅耳透鏡」的特殊透鏡。這是十九世紀初時，法國科學家奧古斯丁－尚・菲涅耳（Augustin-jean Fresnel）所開發出來的產品，是一個將多個薄透鏡組合而成的透鏡。之前的燈塔皆需使用龐大的透鏡，而他所開發出來的透鏡則可大幅減少材料用量、節省成本、簡化製作過程。這種透鏡非常薄，不只可用在燈塔的透鏡，也可以用在卡片型放大鏡、相機閃光燈等地方。

➡ 菲涅耳透鏡的機制

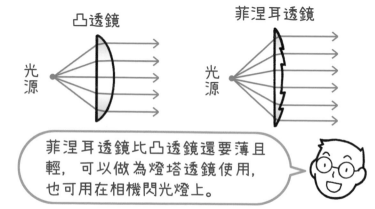

凸透鏡　　菲涅耳透鏡

光源　　光源

菲涅耳透鏡比凸透鏡還要薄且輕，可以做為燈塔透鏡使用，也可用在相機閃光燈上。

第 10 章

你的名字是…單位

本章要介紹的單位皆來自人名，
因為他們在特定領域有重大貢獻，
後人為了紀念他們，便以他們的
名字做為單位。其中，某些單位
也有在其他章中出現。

萬有引力的發現者，名聲像加速度一樣迅速飆升嗎？

　　說到艾薩克·牛頓，許多人應該會想到「看到蘋果從蘋果樹上掉下來，進而發現萬有引力（重力）定律[*]」的故事。不過應該很少人知道他的名字是單位吧？而且這個單位還是國際單位制（SI）中的單位。

　　「萬有」指的是「所有東西都擁有」的意思，「引力」指的是「吸引其他東西的力」。兩個加起來則是，「所有東西都擁有能吸引其他東西的力」的意思。

　　而「力」的強度則是以「能讓 1 kg 的質量產生每秒每秒 1 m 之加速度的力」為標準，質量的基本單位為 kg、長度（距離）的基本單位為 m，時間的基本單位是 s（秒），故可以得到力的單位為「$kg \cdot m/s^2$」。

　　不過，單位寫成這樣似乎有些冗長。而且，一個物質的受力大小會接著用來計算壓力、能量等數字，計算後數字的單位又會變得更長、更複雜。

　　於是科學家們將「$kg \cdot m/s^2$」定義為一個新的單位，並以牛頓的名字，稱這個單位為 **N**（Newton）[**]，以紀念他的貢獻。

　　那麼，或許你會想問……既然所有東西都擁有能吸引其他東西的能力，為什麼蘋果不會被其他東西吸引過去，而是被吸向地面呢？這是因為「兩物質間的萬有引力，會與兩物質質量相乘後的數字成正比，並與兩物質間的距離平方成反比」，也就是說，兩物質的質量越大，引力就越強；兩物質的距離越遠，引力就越弱。所以，蘋果會被周圍質量最大的物質——地球吸向地面。

[*] 牛頓的老家確實有蘋果樹，不過這段故事本身應該只是創作。
[**]1904 年，布里斯托大學的大衛·羅伯森（David Robertson）提出了這個提議，國際度量衡總會於 1948 年認可。布里斯托大學是牛頓祖國——英國的大學，過去曾有十二人獲得諾貝爾獎。

➡ 表示驅使物質運動之「力」的單位「N（牛頓）」

蘋果並不是「掉落下來」，而是「被往下拉」。

假設蘋果的質量是「100 g」⋯

這個力量有多大呢？

力　＝　質量　×　加速度
(0.98 N) (蘋果 0.1 kg)　（約 9.8 m/s²)

※ 9.8 m/s²（公尺每秒每秒）
為地球重力加速度的數字

小心使用的單位
Bq、dps、Ci、GBq

人們對於「輻射能」總有著危險的印象，因為原子彈爆炸及核電廠事故，曾危害到許多人的健康。

在東日本大地震之後，日本與多個以廢除核電為目標的國家，逐漸減少核能發電占所有發電的比例，但目前世界上仍有許多國家使用核能發電。醫院在進行精密醫學檢查時，也會用到輻射線。而為了確保操作人員在使用這些工具時的安全，我們必須準確測定出輻射物質所釋放出的輻射線能量（輻射能）。

國際單位制（SI）中，用來表示輻射能的單位為貝克勒 **Bq**，這個名字源自於法國的物理學家亨利・貝克勒（Henri Becquerel）。

當「放射性物質在 1 秒內有 1 個原子衰變[*]」，釋放出來的輻射能強度就是 1 Bq。這個值與過去所使用的單位 **dps**（**Disintegrations Per Second：衰變每秒**）相同。

居里 **Ci** 是另一個與輻射能有關的著名單位。居禮夫妻於 1898 年從瀝青鈾礦的殘渣中發現了鈾與釙等放射性元素，「Radioactivity（輻射能）」這個字也是由他們命名的。

為紀念居禮夫妻的貢獻，訂定「1 g 鈾的輻射能強度」為 1 Ci。1 g 鈾每秒會衰變 3.7×10^{10} 次，故 1 Ci $= 3.7 \times 10^{10}$ Bq $= 37$ **GBq**。

貝克勒、皮耶・居禮、瑪麗・居禮等三人，共同獲得了 1903 年的諾貝爾物理學獎。不久後，瑪麗・居禮於 1911 年又獨自獲得了諾貝爾化學獎。

---

[*] 在輻射性衰變中，原子的原子核會轉變成另一種原子的原子核，其能量狀態也會跟著改變。

➡ 居禮夫人和居禮先生

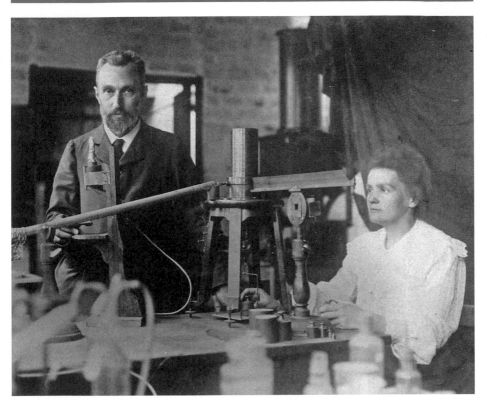

波蘭出身的瑪麗亞・斯克沃多夫斯卡（之後的瑪麗・居禮、居禮夫人）擁有旺盛的好奇心，在苦學之後獲得物理學學士資格。後來她與被譽為「天才」的法國人皮耶・居里邂逅。皮耶對於地位、名聲、金錢、與女性交際沒有興趣，卻相當喜歡和瑪麗聊科學。他們因為許多共通點而吸引著彼此，最後決定結婚。

兩人埋首於研究，陸續發現了輻射性元素釙與鈾。1903 年，居禮夫妻與貝克勒共同獲得了諾貝爾物理學獎，使他們夫妻的成就廣為人知。

照片出處：WiKi Materialscientist

一切都被看穿了

R、C/kg

　　胸部 X 光檢查可說是健康檢查時的必備項目之一。顧名思義，這項檢查就是用名為「X 光」——波長為 1 pm ～ 10 nm 的電磁波照射胸部，觀察肺、心臟、主動脈、脊柱是否有異常，以確認各部位的狀態。德國的物理學家，威廉·倫琴（Wilhelm Röntgen）於 1895 年發現了 X 光。X 光的「X」是數學中未知數的意思，表示這種光在當時是未知的輻射線。現在也有人稱其為「倫琴射線」，應該不少人兩種稱呼都有聽過。

　　接著來談談 X 光的單位——倫琴 **R**。雖然這個單位不屬於國際單位制（SI），卻常用來表示「輻射線量」，也就是某物質被照射到的輻射量。其定義為「於標準狀態*下照射 1 kg 乾燥空氣時，使空氣中生成之正負離子的總帶電量達到 1 靜電單位（1 靜電單位 = 3.3364 × 10^{-10} C** 庫倫）的照射量」。簡單來說，R 就是用來表示「對象物質被照了多少量的輻射線」。

　　R 除了可以用來表示 X 光的量，也可以表示 γ 射線。換算成國際單位制（SI），會寫成 **C/kg**（庫倫每公斤）。不過，在經常使用輻射線的研究機構與醫學相關機構中，還是很常看到 R 這個單位。

　　然而，R 並不代表「對人體的影響程度」。若要表示輻射線對人體的影響，應使用西弗 Sv 這個單位。詳情請參考第 166 頁。

---

* 標準狀態的定義為 0℃，1 atm（大氣壓）。
** 關於 C（庫倫），請參考第 158 頁

➡ X 光的各種應用

應用範例

機場的手提行李檢查
1 μSv（微西弗）以下

CT 掃描
　（電腦斷層檢查）× 1 次
　　　6.9 mSv（毫西弗）

X 光團體健診
　　胃　0.6 mSv（毫西弗）
　　胸部　0.05 mSv（毫西弗）

珍珠貝的 X 光鑑定裝置

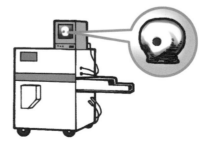

以人名作為電力的單位
A、V、C、Ω、W

和電力有關的單位中，有不少單位是人名。例如電流的單位——安培 **A**，就是源自於法國的物理學家，安德烈—馬里·安培（André-Marie Ampère）。

不論是獨棟透天，還是集合住宅，每一戶都會設置「無熔絲開關[*]」之類的裝置。當有異常電流流過、使用電力過多（超過負荷），或者短路，就會自動跳起，切斷電路，保護屋內配線不致受損。一般住家與電力公司的契約中，會規定一定數字的電流 A，當電流超過這個數字，無熔絲開關便會跳開。但契約中的 A 越大，基本費用就越高，故 A 可以說是與家庭支出直接相關的單位。

電池包裝上會標註該電池的電壓，單位為伏特 **V**，名稱源自於義大利的物理學家，亞歷山卓·伏特（Alessandro Volta）。伏特將銀版與錫板彼此交錯、層層相疊，用這些金屬板與電解質水溶液製作出第一個電池[**]，是一位和電池很有淵源的人。

庫倫 **C** 是電荷量（電量）的單位，名稱源自法國物理學家夏爾·德·庫侖（Charles de Coulomb）。1 C 的定義為「1 A 的電流下，1 秒內通過電路截面的電荷量」，由此可以看出 C 是電荷量的單位。若以導線連接電壓相異的兩處，導線上就會產生電流。然而導線上有阻礙電荷流動的「電阻」，電阻的單位是歐姆 **Ω**，名稱源自德國的物理學家蓋歐格·歐姆（Georg Ohm）。

至於功率與電能功率的單位，瓦／瓦特 **W** 曾在第 106 頁中介紹過，名稱源自蘇格蘭出身，為工業革命做出重大貢獻的詹姆斯·瓦特。

電力與我們的生活息息相關，而許多電力相關單位的名稱都源自人名。

---

* 英文稱為「circuit breaker」。
** 又稱為「伏特電池（伏打電池）」。

➡ 電力相關單位中，以人名做為名稱的單位

安培 A：電流（電子流動方向的反向）

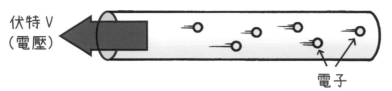

庫倫 C：1 A 的電流下，1 秒內通過電路截面的電荷量

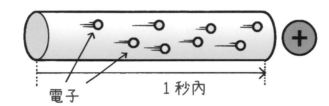

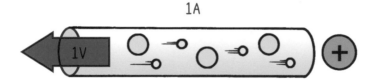

歐姆Ω：1 V 的電壓下，使電流為 1 A 的電阻

只要你在日本就一定會認識的單位

gal、mgal、Is

只要住在日本，一定都會碰過幾次地震。

在第 118 頁中，我們曾提到表示地震規模的單位，不過當我們想要描述搖動大小（振動加速度），會用加速度的單位——伽 **gal** 來表示。伽 gal 這個單位也源自人名，這個人就是義大利的物理學家與天文學家、哲學家伽利略・伽利萊。說到伽利略，大家應該會先想到他曾大力提倡地動說的故事，不過事實上，他在物理學領域也有很大的貢獻。

若一物質的速度在 1 秒內會改變 1 cm/s（公分每秒），那麼這個物質的加速度就是 1 gal。若遵照國際單位制（SI），應使用「m/s^2（公尺每秒每秒）」做為單位，不過在日本《計量法》中，描述與地震有關的振動加速度時，可以使用 gal 或 gal 的 1/1000——**mgal** 做為單位。若換算成國際單位制（SI），那麼 1 gal 會等於 0.01 m/s^2（公尺每秒每秒）。

新潟縣中越沖地震發生於 2007 年 7 月 16 日，這場地震造成柏崎刈羽核電廠受損。以此為契機，許多核能發電廠重新檢視了「標準地震動[*]」的相關規定。例如由關西電力公司管轄的高濱發電廠，就從過去的 550 gal 調高到了 700 gal。

另外，相關單位亦建議：政府機關、車站、學校、電影院、百貨公司等使用人數眾多的建築物以及 1981 年以前建成的老舊建築，皆需進行耐震診斷。這項診斷使用的指標為「**Is（Seismic Index of Structure：結構耐震指標**）」。建築物的 Is 最好能在 0.6 以上。

---

[*] 搖動的安全標準。

➜ 耐震診斷與 Is 值

一般的 Is 值指標
（1995 年 12 月 25 日，前建設省的公告）

Is 值未滿 0.3 ·························受到地震產生的震動與衝擊時，倒塌或崩毀的風險高。

Is 值在 0.3 以上，未滿 0.6 ·······受到地震產生的震動與衝擊時，有倒塌或崩毀的風險。

Is 值在 0.6 以上·····················受到地震產生的震動與衝擊時，倒塌或崩毀的風險低。

地震規模			損害	
中地震 [※1]	大地震 [※2]	等級		狀況（RC、SRC）
		輕微		非承重牆幾乎沒有損傷
Is=0.6		小破		非承重牆出現剪力側向變形、裂痕
	Is=0.6	中破		柱子、承重牆出現剪力側向變形、裂痕
		大破		柱子的鋼筋露出、挫曲變形
		倒塌		部分或全部的建築物倒塌

※1 震度 5 強以上。
※2 震度 6 強以上。

在日本不怎麼有名的日本名人——F-Scale（藤田級數）之父，藤田哲也

　　日本有許多人獲得了諾貝爾獎，對人類做出很大貢獻。不過，應該很多人不知道藤田哲也這號人物吧。

　　藤田哲也是一位氣象學家，在龍捲風的研究上有很大的貢獻，屬害到連美國人也稱他為「Mr. Tornado」「Dr. Tornado」。而且他還將由觀測、實驗得到的複雜數學式化為易讀的立體圖形，方便解說給一般人聽，使他有「氣象界的迪士尼」稱號。藤田哲也在九州工業大學工學部機械科取得博士學位，又在東京大學取得理學博士學位，之後到美國擔任芝加哥大學的教授。

　　1971 年，他發表了龍捲風強度與損害的分級表「Fujita-Pearson Tornado Scale（又稱為 F-Scale（藤田級數））」。NWS（National Weather Service：美國國家氣象局）採用了這個表，並沿用至今[*]。另外，他對下擊暴流（downburst）的研究也相當有名，不只減少了自然災害造成的損失，也減少了飛機事故的風險。

　　他的研究成果獲致很高的評價，獲得了包括法國航太學院（Académie de l'air et de l'espace）的金牌獎[**]（médaille de Vermeil）在內許多獎項。有人說，他的貢獻大到「要是諾貝爾獎有『氣象學獎』，藤田博士一定會拿獎」。而且，藤田哲也在芝加哥大學受到的待遇，也與九十多名諾貝爾獎得主相同。另外，他在一個電視訪問中被問到：「要是有龍捲風來，你會怎麼做呢？」時，他回答：「我會拿著相機爬上屋頂」。他有趣的個性，或許也是他在歐美相當有名的原因。

[*] 現在稱為「EF-Scale（Enhanced Fujita Scale）＝改良版藤田級數」。
[**] 這個獎又被稱為「氣象學界的諾貝爾獎」。

第 11 章

其他單位

前面提到了很多種單位，不過其實還有很多單位我們沒提到。本章將介紹各種前面沒提到的單位以及其他類似單位概念的數字。

「將多個物品視為一組」的單位

dozen（打）、gross、great gross、small gross、carton

Dozen 是常用來表示消耗品數量的單位，漢字寫做**打**。過去的書寫工具以鉛筆和原子筆為主，人們常常一次買一整盒。一盒鉛筆或原子筆通常會有 12 支，而 12 支就是 1 打。

近年來，消費者已經很少以打為單位購買鉛筆或原子筆，不過現在市面上販賣的棒球，通常還是一盒（袋）12 顆。

簍 **gross** 也是「將多個物品分為一組」的單位。1 gross 是 12 打，也就是 12 個的 12 倍，共 144 個。另外還有所謂的大簍 **great gross**，1 great gross 為 12 gross（1,728 個）；以及小簍 **small gross**，1 small gross 為 120 個。

不過，「1 打」也不一定表示有「12 個」。比方說，英國麵包店的「1 打」就是指 13 個。這是因為中世紀時，政府有規定麵包的重量，為了不因重量不夠而被客人抱怨，所以麵包店賣一打麵包時，通常會再多送一個。即使到了現在，「baker's dozen」仍是指 13 個。

另外還有箱 **carton** 這個單位。日本會將一條（10 盒）香菸稱為 1 carton。不過「carton」的意思是厚紙板或瓦楞紙摺成的紙箱，即「一箱」之意。一箱的內容物可能是 8 ～ 20 個左右，不是固定的數。

➡「dozen」、「gross」以及「great gross」

● 「1 打」是「12 個」

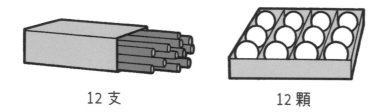

12 支　　　　　　　12 顆

● 12 打是「1 gross（簍）」

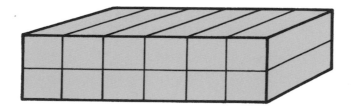

● 12 gross 是「1 great gross（大簍）」

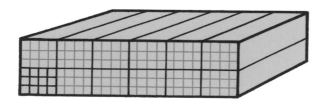

不希望在自己的身上測到的單位

rad、Gy、Sv、rem、mSv

　　第 154 頁提到了輻射能與輻射線量的單位——Bq 與 Ci。另外，當身體曝露在輻射線中，還有專門用來描述身體所吸收之輻射線量（吸收劑量）的單位。過去人們曾用拉德 **rad** 做為吸收劑量的單位，1 rad 為 0.01 J/kg（焦耳每公斤），現在改用國際單位制（SI）的導出單位戈雷 **Gy**，1 Gy 為 100 rad。

　　當身體曝露在輻射線中，Gy 可表示身體的吸收劑量。但不同種類[*]的輻射線，對人體的影響也不一樣。於是，專家們便為不同種類的輻射線，定出對應的等效劑量（Gy 乘上品質因子後得到的數字），並以 **Sv** 做為國際單位制（SI）的單位。在核能電廠事故的相關報導中常可聽到這個單位。使用 Sv 之前，一般會用侖目 **rem** 做為單位，1 Sv 等於 100 rem。

　　人類曝露於輻射線中稱為「被曝」。在自然情況下，我們一年內會受到約 2.4 **mSv**[**]的天然輻射被曝。這種程度的被曝還不至於危害健康，但如果短時間內承受大量被曝，就會危害到健康，嚴重時還可能危及性命。

　　「氡溫泉」含有具放射性、會釋放出輻射線的氡。有人說微量的氡對身體有好處，雖然各種議論眾說紛紜，未有定見，氡溫泉卻一直都有一定的支持者。

---

[*] 包括 α 射線、β 射線、γ 射線、x 光等。
[**] 全世界的平均值。

➡ 生活中會接觸到的輻射線

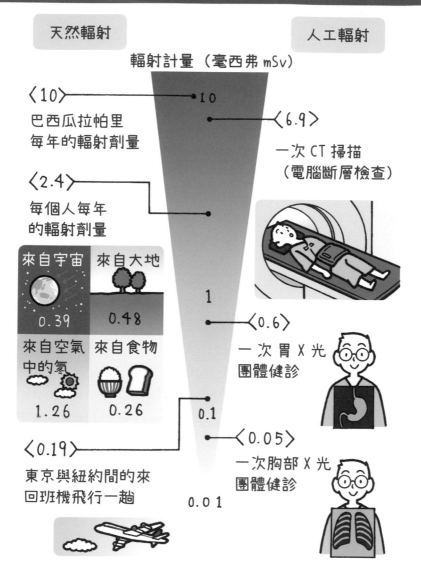

天然輻射

人工輻射

輻射計量（毫西弗 mSv）

〈10〉
巴西瓜拉帕里
每年的輻射劑量

〈6.9〉
一次 CT 掃描
（電腦斷層檢查）

〈2.4〉
每個人每年
的輻射劑量

來自宇宙　來自大地
0.39　0.48
來自空氣中的氡　來自食物
1.26　0.26

〈0.6〉
一次胃 X 光
團體健診

〈0.19〉
東京與紐約間的來
回班機飛行一趟

〈0.05〉
一次胸部 X 光
團體健診

10

1

0.1

0.01

草莓和檸檬的糖度竟然一樣？
°Bx、%、度

　　訪日外國人一年比一年多，在他們的部落格或社群頁面文章中可以看到許多「日本如何如何」的描述。「日本的水果很甜」就是其中之一。日本人覺得「理所當然」的事，卻讓外國人十分吃驚。

　　其實「甜」也有單位，標準為食物的**蔗糖度**（糖度）。這個數字表示水果及蔬菜內的質量百分濃度，稱為白利糖度 **Brix**，其單位則可寫成 **°Bx、%、度**。

　　我們可以用名為「糖度計」的測定器*來測量 Brix。舉例來說，如果測量出「15%」的數字，就表示「每 100 g 的食物內還有 15 g 的糖分」。

　　蔗糖是由葡萄糖與果糖這兩種單醣分子所組成的雙醣分子，食物內含有越多蔗糖就越甜。不過這並不代表「糖度越高的食物，吃起來一定越甜」。

　　以草莓為例，不同品種的草莓，吃起來的甜度也不一樣。草莓的甜度一般來說是在「8 ～ 9 度」左右。檸檬又是如何呢？應該很少人會覺得「檸檬很甜」吧。但其實檸檬的糖度高達「7 ～ 8 度」，幾乎和草莓一樣。之所以吃起來的感覺差那麼多，是因為兩者「酸度」差異很大。草莓與檸檬的酸度與糖酸比（糖度與酸度的比例）差異很大**，所以我們會覺得草莓比較甜。人類的舌頭真是神奇。

---

* 包括「屈光糖度計」「旋光糖度計」「近紅外線糖度計」等種類。
**「糖酸度計」可以測定這個數字。

➡ 各式各樣的糖度計與糖酸度計

● 屈光糖度計

將樣品（汁液）滴在稜鏡面上，再從另一端觀看儀器內部顯示的數字。

● 旋光糖度計

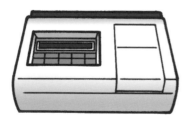

可以同時使用旋光度與折射率來測量糖度。

● 糖酸度計

可以測定糖度、酸度、糖酸比。不同的測定對象有不同的標準，是食品製造廠的常用工具。

你會覺得「怎麼那麼小！」的單位

成、分、厘、毛、%、‰、ppm、ppb、ppmv、ppbv、ppt

在描述比例、機率的時候，常會用「〇成」「〇%」等形式表示。「原稿寫完多少了呢？」「寫完八成了」之類的。雖然不是很想聽到這樣的對話……。

話說回來，日本常用**成、分、厘、毛**等單位來表示運動的勝率，其中又以 percent %（百分率）*最常使用，想必各位應該都很熟悉才對。不過，各位知道還有比這更小的單位嗎？比方說表示千分率的 permil ‰**。「mil」是「千」的意思，例如千禧年的英文就是「millennium」，若能將兩個字聯想在一起就會比較好記。

接著，**ppm** 是用來表示百萬分率的單位。這個單位是取「Parts Per Million」的各字字首而得到的縮寫，常用於表示化學藥品的濃度。

再來，十億分率可以用來表示更小的值。這是「Parts Per Billion」的縮寫，寫成 **ppb** 的單位，常用於表示室內空氣的化學物質濃度。

ppm 與 ppb 加上表示體積（volume）的「v」後為 **ppmv** 與 **ppbv**，可以用來表示體積的百萬分率與十億分率。

都講到這裡了，何不再繼續 P 下去……我是說，再來看看更小的單位吧。那就是表示兆分率的單位，「Parts Per Trillion」的縮寫，**ppt**。測量含量極微的物質或微量氣體的濃度時，就會用 ppt 做為單位。

以上是各種用來表示「率」的單位，不過一般人應該很難想像這些單位是表示多細小的東西。以下就用一些例子來比喻這些單位的大小。1% 相當於兩盒薄荷糖中的一顆，這應該很好想像吧；1‰，就相當於一大罐千錠裝的營養品中的一錠；若一袋米有十公斤，那麼 ppb、ppt 則分別相當於兩千袋、兩百萬袋米中的一顆米粒。

看完這樣的比喻後，對這些微小的量應該比較有概念了吧？

---

* 也可寫成「Parts Per Cent」的縮寫「ppc」，但比較少人用。

** 也有人稱為「per mille」。

➡ 各種比例的表示方式

百分比

%

兩盒薄荷糖中的一顆

千分比

‰

一大罐健康營養品中的一錠

ppb

兩千袋※米中的一粒米

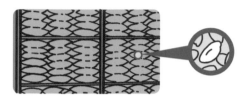

ppt

兩百萬袋※米中的一粒米

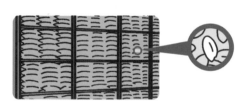

※一袋 = 10 kg ≒ 50 萬粒

可大致稱為「經濟的單位」
日圓、美元、歐元、英鎊、瑞士法郎

「通貨*」（通用貨幣）是經濟社會中不可或缺的東西，不過除了從事相關工作、外幣交易的人，一般人只有在出國旅行時，才會用到其他國家的通貨。近年來市面上還出現了各種虛擬貨幣（如 bitcoin），不過這些貨幣都沒有國家政府做為後盾支撐，使用上有一定風險。

自 1871 年起，日本政府規定「円」（中文通常寫做圓）為日本的通貨，並於 1885 年起開始發行紙幣（日本銀行券）。

再來談談通貨的簡稱。日圓的簡稱為「JPY」、美元為「USD」、歐盟的共用通貨為「EUR」。根據 ISO4217 的國際標準，原則上，通貨簡稱的前兩個字母應代表「國」，最後一個字母應為通貨的稱呼。不過「EUR」卻是例外。

通貨可以分為「主要通貨」與「次要通貨」。前者為世界各國在外幣交易市場中結算用的貨幣，交易量大、交易參與者也比較多。主要通貨通常包括**日圓、美元、歐元、英鎊、瑞士法郎**等，因為沒有硬性規定，所以有時候也包括了澳幣、加幣、紐元等。除此之外的通貨則屬於「次要通貨」。

順帶一提，我們有時會聽到「央行流動性交換（Central bank liquidity swap）」這個詞。這是由多國中央銀行所簽訂的協議。協議中的各國央行為了防範本國發生通貨危機，可以用本國通貨，或者是以本國通貨計價的債券為擔保，以一定利率向參與協議的其他國家借入它國通貨。例如日本，就與美國、英國、歐盟締結了無限量且無期限的央行流動性交換協定。

---

*精確來說，應為「流通貨幣」才正確，「通貨」是簡稱。

➡ **各種主要通貨**

日圓（JPY）

美元（USD）

歐元（EUR）

英鎊（GBP）

瑞士法郎（CHF）

也有人僅將日圓、美元、歐元三者歸於「主要通貨」；英鎊、瑞士法郎、澳元、加幣、紐元則歸於「準主要通貨」。

計算看不見的東西，第六個 SI 基本單位
mol

國際單位制（SI）的基本單位，大多是能讓人一眼看出用在哪個地方的單位。但在日常生活中，卻很少看到 **mol** 這個物質量的單位。一般人可能會懷疑，「為什麼重量（質量）和物質量要用不一樣的單位？」甚至從來沒看過「物質量」這個詞。

這也無可厚非。「物質量」是描述眼睛看不到的原子、分子*等粒子有多少「團」時使用的單位。「將固定數量的原子或分子算做一團」，再計算有幾團，這個「幾團」就是物質量。

那麼，問題就在於「固定數量是多少？」了。這個數量等於「6.02×10^{23}**」，為紀念義大利的物理學家兼化學家──阿密迪歐‧亞佛加厥（Amedeo Avogadro），這個數又被稱為「亞佛加厥常數」。也就是說，「6.02×10^{23}」個單一種類的原子或分子，就稱為 1 mol 的原子或分子。

1 mol 原子或分子的質量會等於其原子量或分子量，只要將單位改成 g 即可。既然如此，為什麼還要特別使用 mol 做為單位呢？事實上，當初專家們也曾經討論過是否要將 mol 列為基本單位，還有人認為，「既然物質量與質量成正比，就應該要用 kg 來表示」。然而，由離子鍵或金屬鍵所組成的物質並不是由分子構成，如果以質量來表示這些物質的物質量會很不方便。因此，人們決定將 mol 做為化學領域中的基本單位，視其為物質量的重要單位，並於 1971 年的國際度量衡大會中，通過了這項決議。

現在，mol 已是化學課、化學實驗、化學研究中不可或缺的單位。

另外，亞佛加厥由實驗證明了：在標準狀態***下，除了氨等少數氣體，1 mol 的氣體體積皆為 22.4 L 左右。

---

* 也可以用在離子、電子等粒子以及這些粒子組合後的物質上。
** 假設有一堆「質量數為 12 的碳原子（^{12}C）」，質量為 12 g。計算這堆 ^{12}C 共有多少個原子，就可得到這個數字。
***0℃、1 atm（大氣壓）的狀態

➡ 1 mol（莫耳）的粒子數、質量、體積

碳原子　氧原子　水分子　氫原子

一團粒子
的個數是
相同的
(6.02×10^{23})

原子量、分子量、式量的數字加上 g 之後，
就是 1 mol 粒子的質量。

物質量	1 mol（莫耳）
粒子數	6.02×10^{23} 個
質量	$\begin{pmatrix} \text{原子量} \\ \text{分子量} \\ \text{式量} \end{pmatrix}$ g（克）
氣體體積	22.4 L（公升）（標準狀態）

整理後就
是這樣。

截止使用的壓力單位

mb、hPa、Pa

　　基本上，單位並不會消失，只會不再被人使用。例如毫巴 **mb** 這個單位，過去曾用來表示颱風的中心氣壓。在氣象學中，曾有段時間，全世界都用 mb 做為氣壓單位。以前的日本，不只是學術界，就連一般氣象業務與海洋氣象業務，也都用 mb 做為氣壓單位。1974 年制定的《海上人命安全公約（SOLAS 條約）》中規定，「船舶上的氣象與水象觀測結果，皆需以 mb 為單位回報」。

　　雖然全世界用 mb 這個單位用了很久，但日本從 1992 年 12 月 1 日時決定，從 12 月 4 日起，一律改用百帕 **hPa** 做為單位。

　　近年來，日本使用的計量單位逐漸向國際單位制（SI）靠攏，也開始用百帕 hPa 來表示颱風的中心氣壓。在 1991 年 8 月舉行的測量行政審議會中，政府機關接受了顧問單位的「計量單位 SI 化」等建議。

　　一般來說，變更單位時需經過換算，很可能會造成混亂。不過因為 mb 和 hPa 的大小相同，所以換單位時可以在不用換算的情況下直接銜接。

　　另外，hPa 是導出單位*。而帕 **Pa** 這個單位的名稱，源自一位擁有許多成就的法國物理學家，布萊茲・帕斯卡（Blaise Pascal）。應該有不少人聽過「帕斯卡定律」吧。這個定律可以應用在汽車、機車的油壓煞車等，需要增幅力量的裝置。

---

* 關於導出單位，請參考第 22 頁。

➡ 我們身邊的壓力單位

$$1mb = 100Pa = 1hPa = 0.1kPa$$
$$1013hPa \fallingdotseq 1 \text{ 大氣壓}$$

天氣圖

hPa

腳踏車的輪胎

壓力鍋

kPa

氣壓

壓力單位的
種類真多啊。

截止期限已過的文稿

並不存在這種壓力
的單位……

通訊量的單位
GB、B、kB、MB、Mbps、MB/s

2017 年 6 月時，日本擁有智慧型手機的比例已高達 78%[*]。確實，在行駛於東京都的電車內，可以看到許多人都在盯著智慧型手機的畫面。

基本上，在室外使用智慧型手機的網路時，皆需支付網路費用給通訊業者。網路費用需依照手機的通訊量[**]來收費，而通訊量一般會用 **GB** 做為單位。

G 是國際單位制（SI）的「前綴詞」（參考第 185 頁），B 則是「byte（位元組）」的簡稱，是資訊傳輸量的單位。另外還有 bit（位元）這個單位，8 bit[***] 等於 1 B。而 1 **kB** 約為 1 B 的一千倍；1 **MB** 約為 1 B 的一百萬倍；1 GB 約為 1 B 的十億倍。雖然「這個月的通訊量超過 3 G 了啊……」之類的對話常出現在我們日常生活中，不過這仍是個讓人難以想像的數字。

另外，被問到「你家網路速度有多快？」之類的問題時，可能會回答「有 100 M 喔」。這裡的「M」其實只是單位的前綴詞，讀做「mega」。補上原本的單位後應為「100 **Mbps**」。這個速度相當於「12.5 **MB/s**（百萬位元組每秒）」。也就是說，在這個網路契約下，每秒（最多）可以傳送 12.5 MB 的資料量。這裡就不是指通訊量，而是資料傳送速度[****]。

隨著數位內容越來越龐大，做為以單位為主題之書籍的作者（伊藤），我有時會思考，要是有一天，通訊量與資料傳送速度大到連「Y（yotta，10^{24}）」這個前綴詞都無法表示，世界會變成什麼樣子呢？

[*]2017 年 6 月 20 日，由日本媒體環境研究所發表的結果。
[**] 各家電信公司通常都有許多複雜的優惠方案，先把這些放在一邊……。
[***] 原本 1 B 並不一定代表 8 bit，但在許多歷史性因素下，通訊領域中，1 B 通常就是 8 bit。
[****] 正確來說應該是「頻寬」。

➡ 各種資料儲存媒介的容量

● 軟碟

80 kB
～
1.44MB

● MO （磁光碟）

128 MB
～
2.3 GB

● USB 隨身碟

16 MB
～

●SD 記憶卡

16 MB
～

2017 年，記憶卡的最大容量為 2TB，不過還在繼續增加中……

用於鮪魚的單位？
匹、條、丁、塊、柵、切、貫

　　從幼魚到成魚，每個成長階段的名稱都不一樣的魚，在日文中稱為「出世魚」。還有一些魚種，會因為狀況（狀態）的不同，而用不同的量詞來算數量。例如鮪魚。做為食材的鮪魚，在不同狀態下會使用不同日文量詞，如下所示。

➡ **不同狀態鮪魚所使用的量詞**

活著時：匹

卸貨、交易時：條

切下頭和脊椎骨，
切成一半時：丁

切成塊狀的
狀態：塊

切成條狀的
狀態：柵

切成一口大小
的狀態：切

做成壽司的狀態：貫

國際單位制（SI）範例

SI 基本單位
➡ **表1**（第 182 頁）

SI 導出單位

具一致性，是 ➡**表1** 的單位平方、三次方、相乘、相除後得到的單位。

具一致性的 SI 導出單位，表記符號僅包含基本單位，為 ➡**表1** 的排列組合。
➡ **表2**（第 182 頁）

具一致性的 SI 導出單位，以特有名稱或符號表示，擁有專屬的名稱。
➡ **表3**（第 183 頁）

具一致性的 SI 導出單位，表記符號包含了基本單位與特有名稱或符號，為 ➡**表1** 與 ➡**表3** 的排列組合。
➡ **表4**（第 184 頁）

➡ 表 1 　SI 基本單位

量	符號	名稱	參考頁面
長度	m	公尺	22, 44, 58
質量	kg	公斤	22, 62
時間	s	秒	22, 59, 98
電流	A	安培	22, 158
熱力學溫度	K	克耳文	22, 130
物質量	mol	莫耳	22, 174
光度	cd	燭光	22, 136

➡ 表 2 　基本單位的排列組合，具一致性的 SI 導出單位

量	符號	名稱	參考頁面
面積	m^2	平方公尺	22, 78, 80
體積	m^3	立方公尺	17, 22
速度	m/s	公尺每秒	116
加速度	m/s^2	公尺每秒每秒	152
波數	m^{-1}	每公尺	—
密度	kg/m^3	公斤每立方公尺	—
面密度	kg/m^2	公斤每平方公尺	—
比容	m^3/kg	立方公尺每公斤	—
電流密度	A/m^2	安培每平方公尺	—
磁化強度	A/m	安培每公尺	—
物質量濃度	mol/m^3	莫耳每立方公尺	—
質量濃度	kg/m^3	公斤每立方公尺	—
輝度	cd/m^2	燭光每平方公尺	142

➡ 表 3　以特有名稱或符號表示，具一致性的 SI 導出單位

量	符號	名稱	以其他 SI 單位表記	以 SI 基本單位表記	參考頁面
平面角	rad	弧度	—	m/m	90
立體角	sr	球面度	—	m^2/m^2	90
頻率	Hz	赫茲	—	s^{-1}	126
力	N	牛頓	—	$m \cdot kg \cdot s^{-2}$	24, 110, 152
壓力、應力	Pa	帕斯卡	N/m^2	$m^{-1} \cdot kg \cdot s^{-2}$	176
能量、功、熱量	J	焦耳	$N \cdot m$	$m^2 \cdot kg \cdot s^{-2}$	106
功率、輻射功率	W	瓦	J/s	$m^2 \cdot kg \cdot s^{-3}$	106, 158
電荷、電氣量	C	庫侖	—	s A	158
電位差（電壓）、電動勢	V	伏特	W/A	$m^2 \cdot kg \cdot s^{-3} \cdot A^{-1}$	158
電容	F	法拉	C/V	$m^{-2} \cdot kg^{-1} \cdot s^4 \cdot A^2$	—
電阻	Ω	歐姆	V/A	$m^2 \cdot kg \cdot s^{-3} \cdot A^{-2}$	24, 158
電導	S	西門子	A/V	$m^{-2} \cdot kg^{-1} \cdot s^3 \cdot A^2$	—
磁通量	Wb	韋伯	Vs	$m^2 \cdot kg \cdot s^{-2} \cdot A^{-1}$	—
磁場	T	特斯拉	Wb/m^2	$kg \cdot s^{-2} \cdot A^{-1}$	—
電感	H	亨利	Wb/A	$m^2 \cdot kg \cdot s^{-2} \cdot A^{-2}$	—
攝氏溫度	℃	攝氏度	K	—	132
光通量	lm	流明	$cd \cdot sr$	cd	140
照度	lx	勒克斯	lm/m^2	$m^{-2} \cdot cd$	138
輻射性物質的輻射能	Bq	貝克勒	—	s^{-1}	154
吸收劑量、比能、比釋動能	Gy	戈雷	J/kg	$m^2 \cdot s^{-2}$	166
等效劑量、周圍等效劑量、定向等向劑量、個人等效劑量	Sv	西弗	J/kg	$m^2 \cdot s^{-2}$	156, 166
酵素活性	kat	開特	—	$s^{-1} \cdot mol$	—

➡ 單位名稱中含有特有名稱或符號，具一致性的 SI 導出單位

量	符號	名稱	以 SI 基本單位表記	參考頁面
黏度	Pa · s	帕斯卡秒	$m^{-1} \cdot kg \cdot s^{-1}$	—
力矩	N · m	牛頓公尺	$m^2 \cdot kg \cdot s^{-2}$	22, 110
表面張力	N/m	牛頓每公尺	$kg \cdot s^{-2}$	—
角速度	rad/s	弧度每秒	$m \cdot m^{-1} \cdot s^{-1} = s^{-1}$	—
角加速度	rad/s²	弧度每秒每秒	$m \cdot m^{-1} \cdot s^{-2} = s^{-2}$	—
熱通量、輻照度	W/m²	瓦每平方公尺	$kg \cdot s^{-3}$	—
熱容量、熵	J/K	焦耳每克氏度	$m^2 \cdot kg \cdot s^{-2} \cdot K^{-1}$	—
比熱容量、比熵	J/(kg · K)	焦耳每公斤每克氏度	$m^2 \cdot s^{-2} \cdot K^{-1}$	—
比能	J/kg	焦耳每公斤	$m^2 \cdot s^{-2}$	166
熱導率	W/(m · K)	瓦每公尺每克氏度	$m \cdot kg \cdot s^{-3} \cdot K^{-1}$	—
體積能量密度	J/m³	焦耳每立方公尺	$m^{-1} \cdot kg \cdot s^{-2}$	—
電場強度	V/m	伏特每公尺	$m \cdot kg \cdot s^{-3} \cdot A^{-1}$	—
電荷密度	C/m³	庫倫每立方公尺	$m^{-3} \cdot s \cdot A$	—
表面電荷	C/m²	庫倫每平方公尺	$m^{-2} \cdot s \cdot A$	—
電通量密度、電位移	C/m²	庫倫每平方公尺	$m^{-2} \cdot s \cdot A$	—
電容率	F/m	法拉每公尺	$m^{-3} \cdot kg^{-1} \cdot s^4 \cdot A^2$	—
磁導率	H/m	亨利每公尺	$m \cdot kg \cdot s^{-2} \cdot A^{-2}$	—
莫耳能量	J/mol	焦耳每莫耳	$m^2 \cdot kg \cdot s^{-2} \cdot mol^{-1}$	—
莫耳熵、莫耳熱容量	J/(mol · K)	焦耳每莫耳每克氏度	$m^2 \cdot kg \cdot s^{-2} \cdot K^{-1} \cdot mol^{-1}$	—
輻射線量（X 光或 γ 射線）	C/kg	庫倫每公斤	$kg^{-1} \cdot s \cdot A$	156
吸收劑量率	Gy/s	戈雷每秒	$m^2 \cdot s^{-3}$	—
輻射強度	W/sr	瓦每球面度	$m^4 \cdot m^{-2} \cdot kg \cdot s^{-3}$ $= m^2 \cdot kg \cdot s^{-3}$	—
輻射率	W/(m² · sr)	瓦每平方公尺每球面度	$m^2 \cdot m^{-2} \cdot kg \cdot s^{-3}$ $= kg \cdot s^{-3}$	—
酵素活性濃度	Kat/m³	開特每立方公尺	$m^{-3} \cdot s^{-1} \cdot mol$	—

讓單位在使用上更為方便的「前綴詞」

本書中，許多章節都有提到「前綴詞」，是個相當常用（？）的詞彙。國際單位制（SI）會在基本單位前加上前綴詞，以調整單位的大小。

以下整理了國際單位制中，各種前綴詞的符號與意義。

➡ 國際單位制（SI）的前綴詞

前綴詞	符號	10^n	十進位表示法
yotta	Y	10^{24}	1,000,000,000,000,000,000,000,000
zetta	Z	10^{21}	1,000,000,000,000,000,000,000
exa	E	10^{18}	1,000,000,000,000,000,000
peta	P	10^{15}	1,000,000,000,000,000
tera	T	10^{12}	1,000,000,000,000
giga	G	10^9	1,000,000,000
mega	M	10^6	1,000,000
kilo	k	10^3	1,000
hecto	h	10^2	100
deca/deka	da	10^1	10
		10^0	1
deci	d	10^{-1}	0.1
centi	c	10^{-2}	0.01
milli	m	10^{-3}	0.001
micro	μ	10^{-6}	0.000 001
nano	n	10^{-9}	0.000 000 001
pico	p	10^{-12}	0.000 000 000 001
femto	f	10^{-15}	0.000 000 000 000 001
atto	a	10^{-18}	0.000 000 000 000 000 001
zepto	z	10^{-21}	0.000 000 000 000 000 000 001
yocto	y	10^{-24}	0.000 000 000 000 000 000 000 001

後記

　　請試著想像一下，如果一整天都不能使用「單位」，會是什麼樣的光景呢？

　　「早安，今天好像會下雨耶。」
　　「如果要出門，應該要帶傘吧？」
　　「嗯，天氣預報說降雨機率有 70%……」（啊，說出來了）

　　「和○○先生的會面要安排在什麼時候才好呢？」
　　「我看一下，大後天我可以。」
　　「我知道了，那我先和對方確認一下。」
　　到了隔天。
　　「會面可以安排在後天 15 號，對方希望可以從下午 2 點開始。」
（……糟糕，日期時間也是單位）

　　看來今天應該沒辦法到公司上班了吧。那麼換個心情，改在假日不使用「單位」又如何呢？比方說，和一位許久不見的朋友一起吃午餐。

　　「好久不見了呢，最近過得如何？」
　　「過得很好啊。話說我好久沒外食了呢！」
　　「這樣啊，是因為有小孩吧。一陣子不見就長那麼大了呢。現在是幾個月大呢？」

「八個月囉，他每天都吃很多，現在體重都到 8 公斤了呢──」

果然，我們還是會在無意間使用各種單位。

那麼，放假時，如果誰也不見，也不出門，是不是就能夠不使用單位的過完一天呢？「好，明天一整天就不使用單位度過吧！」不過早上醒來的時候，還是會不自覺看一下時鐘⋯⋯。

如果不是到無人島這種能斷絕一切與外界往來的地方居住，過著一個人自給自足的生活，根本不可能不使用單位。

感謝大家，讓我能藉著這次機會，寫下這本書，介紹如此重要的「單位」，讓更多人能窺探這個深奧世界的一隅。也感謝你拿起了這本書。

寒川陽美

單位索引

日 文 參 考 文 獻

『國際單位系（ SI ）國際文書第8版 』	獨立行政法人產業技術總合研究所 計量標準總合センター訳・監修 （ 2006年 ）
『トコトンやさしい單位の本 』	山川正光著 （ 日刊工業新聞社、2002年 ）
『單位171の新知識 』	星田直彦著 （ 講談社、2005年 ）
『はやわかり單位のしくみ 』	星田直彦著 （ 広分社、2003年 ）
『圖解入門　よくわかる 最新單位の基本と仕組み 』	伊藤幸夫・寒川陽美著 （ 秀和システム、2004年 ）
『圖解雜學　單位のしくみ 』	高田誠二著 （ ナツメ社、1999年 ）
『單位の小辞典 』	高木仁三郎著 （ 岩波書店、1985年 ）
『單位の起源事典 』	小泉袈裟勝著 （ 東京書籍、1982年 ）
『続單位のいま・むかし 』	小泉袈裟勝著 （ 日本規格協会、1992年 ）
『身近な單位がわかる絵事典 』	村越正則監修 （ PHP研究所、2002年 ）
『数え方の辞典 』	飯田朝子著・町田健監修 （ 小学館、2004年 ）
『X線室防護のQ＆A 』	社団法人 日本画像医療システム工業会 （ 2001年 ）

國家圖書館出版品預行編目(CIP)資料

3小時讀通單位知識 / 伊藤幸夫, 寒川陽美
作;陳朕疆譯. -- 初版. -- 新北市:世茂,
2020.12
面; 公分. -- (科學視界;250)

ISBN 978-986-5408-34-3（平裝）

1.度量衡

331.8   109012211

科學視界250

3小時讀通單位知識

作　　者／伊藤幸夫、寒川陽美
譯　　者／陳朕疆
主　　編／楊鈺儀
責任編輯／陳文君、李雁文
內文設計・藝術總監／クニメディア株式会社
插　　畫／高村かい
原書校正／曾根信壽
出 版 者／世茂出版有限公司
負 責 人／簡泰雄
地　　址／(231)新北市新店區民生路19號5樓
電　　話／(02)2218-3277
傳　　真／(02)2218-3239（訂書專線）
劃撥帳號／19911841
戶　　名／世茂出版有限公司　　單次郵購總金額未滿500元（含），請加60元掛號費
世茂網站／www.coolbooks.com.tw
排版製版／辰皓國際出版製作有限公司
印　　刷／凌祥彩色印刷股份有限公司
初版一刷／2020年12月

I S B N／978-986-5408-34-3
定　　價／350元

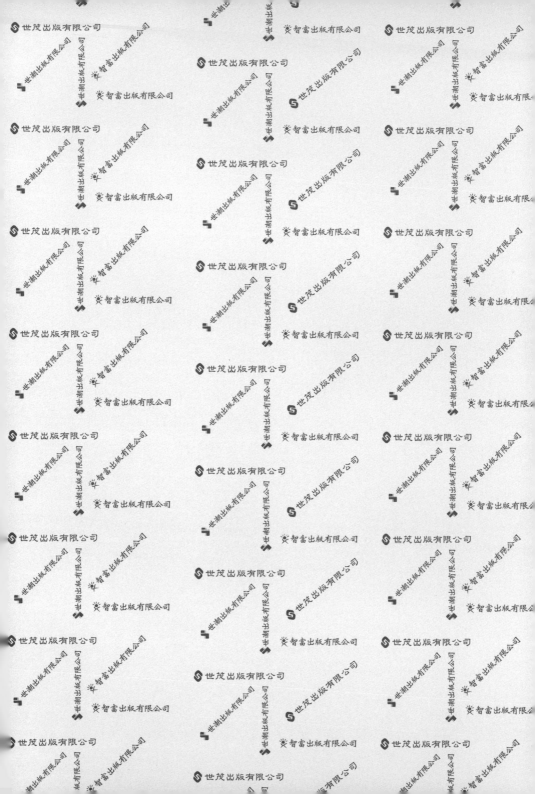